Lukas R. A. Wilde

Der Witz der Relationen

Komische Inkongruenz und diagrammatisches Schlussfolgern im Webcomic *XKCD*

Lukas R. A. Wilde

DER WITZ DER RELATIONEN

Komische Inkongruenz und diagrammatisches Schlussfolgern im Webcomic *XKCD*

ibidem-Verlag
Stuttgart

Bibliografische Information der Deutschen Nationalbibliothek
Die Deutsche Nationalbibliothek verzeichnet diese Publikation in der Deutschen Nationalbibliografie; detaillierte bibliografische Daten sind im Internet über http://dnb.d-nb.de abrufbar.

Bibliographic information published by the Deutsche Nationalbibliothek
Die Deutsche Nationalbibliothek lists this publication in the Deutsche Nationalbibliografie; detailed bibliographic data are available in the Internet at http://dnb.d-nb.de.

∞

Gedruckt auf alterungsbeständigem, säurefreien Papier
Printed on acid-free paper

ISBN-13: 978-3-8382-0406-2

Printed in Germany

Danksagungen

Die Entstehung dieser Arbeit verdankt sich nicht nur zahlreichen Dissonanzen und Ausfallerscheinungen im Verstehen des Verfassers, die zu klärender Beschäftigung ermutigten. Zahlreiche Personen trugen dazu bei, im Begreifen der Komik auch immer wieder die Komik meines Begreifens zu befragen; dafür sei im Folgenden, teils leicht inkongruent, gedankt:

Prof. Dr. Kay Kirchmann für die aufgeschlossene Betreuung, Dr. Jens Ruchatz für stetige Fremdbeobachtung. Meinen Eltern dafür, dass sie mein Studium nach all den Jahren noch lustig fanden. Vera Ferber für +10 Motivation, Götz Greiner für die stete Warnung vor Geschwätz. Dorothea Schmans für Bloomsbury, Kilian Wilde für die Kamele. Ates Gürpinar, Katharina Baur und Lucas Fassnacht für gewitzte Aufmerksamkeit.

Ein ganz besonderer Dank aber geht an

Dr. Christoph Ernst für die Karten

sowie an

Philip Dreher für das Territorium.

Inhaltsverzeichnis

1. Einleitung

1.1. Vom Gegenstand her gedacht: Das komische Diagramm

> Sogleich trägt man den Eindruck davon, daß diese Art von Schaubildern grundsätzlich – statt die Darstellung eines Problems zu vereinfachen – kompliziert in die Irre führen. Der Anspruch auf Vereinfachung und Veranschaulichung selbst scheint unversehens als Gegenzauber Verwirrung hervorzurufen [...]. Bei einer größeren Gruppe kommt ein solches Liniengewirr heraus, dass sie eigentlich kein klares Bild mehr bekommen; und bei einer kleinen Gruppe fragt man sich sofort, ob ein kurzer Text es nicht auch tut (Rutschky nach Henschel 2003: 170).

Dieses Nachwort Michael Rutschkys zu Gerhard Henschels Taz-Sammlung der *wirrsten Grafiken der Welt* klingt ernüchtert ob der täglich zunehmenden Flut an Infografiken, Schaubildern und Diagrammen.[1] Seit den 1970er Jahren, konstatiert der Autor, überspült der Wunsch nach ‚trickreicher und cooler Vereinfachung' Feuilletons ebenso wie Unterrichtssäle und Fachliteratur. Keine Theorie und kein komplexer Zusammenhang sind davor sicher, in Kästchen, Kreise, gerade und krumme Linien und zahlreiche Pfeile transformiert zu werden, die eine anschauliche Komplexitätsreduktion versprechen. Durch den ‚Evidenzeffekt' der Grafik, Zusammenhänge zwischen Dingen unmittelbar vor sich zu sehen, scheinen selbst komplexeste wissenschaftliche Theorien verblüffend einfach und zugänglich. Dass dem eine inhärente Komik innewohnt, merkt man auf den ersten Blick, wenn man die Seiten der Sammlung aus diagrammatischen Fundstücken durchblättert, welche von Lesern aufgefunden und eingereicht worden sind.[2] Wie der Autor des Nachwortes anmerkt, werden die scheinbar nützlichen Diagramme entweder völlig unüber-

---

[1] Unter Missachtung jeglicher terminologischer Schärfe sollen all diese Begriffe vorerst noch synonym verstanden werden – unter der Minimaldefinition einer ‚räumlich-topographischen Veranschaulichung von Zusammenhängen mit graphischen Mitteln'. Eine genauere Diskussion zwei verschiedener Diagramm-Begriffe erfolgt in Kapitel 3.

[2] Ihre Provenienz liegt in den heterogensten gesellschaftlichen Bereichen: vom Verkehrsschild bis zur Struktur des Unterbewussten, von den Einflüssen auf eine Adoptionsentscheidung bis zur Binnenlogik des Jüngsten Gerichts.

sichtlich oder im Gegenteil redundant und in ihrer Banalität absurd.[3] In beiden Fällen, dem der Banalität ebenso wie der heillosen Verwirrung, sind die Darstellungen sinnentleert und unwiderstehlich komisch, was der Autor in ironisierenden Texten zu jeder Abbildung polemisch (und – der Thematik geschuldet – ebenfalls nicht ganz ohne Redundanzen) herausarbeitet. Der Tenor jedes schadenfrohen Kommentars ist dabei der gleiche: Die Grafiken sind schlichtweg unpragmatisch, da sich nichts Sinnvolles mit ihnen anstellen ließe, was ein Text nicht besser oder effizienter könnte. Das leuchtet jedem Leser des Buches sofort ein, auch ohne dass er oder sie die spezifische Ausarbeitung eines der ca. 170 Diagramme allzu gründlich studieren müsste. Die Kollektion der *wirrsten Grafiken der Welt* schafft eine Rahmung, in der die Diagramme ihrem ursprünglichen Herkunftsort entrissen und *als komisch* neu kontextualisiert wurden. Der Leser – oder vielmehr eher Betrachter –, der das Buch durchblättert, sucht bereits nach dem ‚Dummen' und Absurden, das hier zu erwarten ist. Entsprechend verbleibt Rutschky auch mit deutlichen Zweifeln, ob mit Diagrammen und Infografiken *überhaupt* etwas Plausibles anzufangen sei.

In diesem generalisierenden Urteil werden zwei Erwartungen deutlich, die an Infografik und Diagramm, gewissermaßen *ex negativo,* getragen werden: Zum einen ist es ein Erkenntnisinteresse, welches hier enttäuscht wird: Statt die Vermittlung von Zusammenhängen zu leisten, dienen die Exponate dem gegenteiligen Ziel, der titelgebenden Verwirrung – sei es durch Unübersichtlichkeit, sei es durch kontraproduktive Übersimplifizierung. Die Aufgabe, deren Scheitern die Sammlung zelebriert, ist somit eine wissenschaftliche, oder – wo es um Gartenbau und Kindererziehung geht – zumindest eine informierende, pointiert: eine Wissen schaffende. Zum anderen wird deutlich, dass diesem Wissen eine prozedurale Dimension innewohnt, insofern es Henschel stets von seiner Verwendungspragmatik her versteht, beziehungsweise kritisiert und ironisiert. Einer deutlich überladenen Schema-Darstellung der *Offenbarungen Jesu Christi* wird etwa ein solches Anwendungs-Szenario beiseite gestellt:

[3] Ein prominentes Beispiel für den zweiten Fall ist die Grafik *Einflussmöglichkeiten in einem Dialog,* die in einem exakt horizontal gespaltenen Torten-Diagramm die Einflussmöglichkeiten zweier Gesprächsteilnehmer auf 50% und 50% konstatiert (ebd.: 67).

> Falls also der Heiland einst am Ende aller Tage beim vorschriftsmäßigen Liquidieren der Heiden den Überblick verlieren sollte – Heuschrecken schicken? Erdbeben auslösen? Meerwasser in Blut verwandeln ? –, reicht ein Mausklick, und schwupdiwup, schon ist der Mann wieder im Bilde (ebd.: 168).

Wie in zahlreichen anderen Kommentaren auch wird dieses ‚ins Bild setzen', das die Grafik zu leisten verspricht, von Verwendungspraxen her gedacht, respektive von deren Scheitern. Fiktive Benutzer werden französischen Schildern hinterher geschickt, auf arme Schulklassen losgelassen, mit Sisyphusartigen Questen versehen oder als böser Demiurg, mit Grafiken bewaffnet, auf die Schöpfung losgelassen. Wenn es nichts gibt, was man vor plausiblem Interesse sinnvollerweise damit anstellen könnte, so handelt es sich wohl um Manifestationen von (prätentiöser) Sinnlosigkeit – so ließe sich ein Gros der Kommentare zusammenfassen. In Ermangelung realistischer Szenarios (oder vielleicht umgekehrt: vor parodistischen Unsinns-Szenarios) verliert jeder informative Gehalt seine Funktion. Es bleibt der Rückzug ins rein Dekorative der Form, den Rutschky auch polemisch nahe legt.[4] Die Unterscheidung, die hier getroffen wird, ist eine nach verweisender Erkenntnisvermittlung einerseits und komischer Selbstbezüglichkeit andererseits, oder anders formuliert: Nach Transparenz oder Opazität des Darstellungsmediums. Als Wasserscheide dient die Anwendbarkeit, die Möglichkeit der plausiblen Verwendung.

Dennoch ist nicht von der Hand zu weisen, dass wir tagtäglich mit Plänen, Karten, Gebrauchsanweisungen, Zeichnungen, Infografiken und Tortendiagrammen operieren, und das durchaus erfolgreich. Dies betrifft nicht nur den wissenschaftlichen Kontext, in dem der rapide Anstieg bildgebender Verfahren und anschaulicher Darstellungen in zunehmendem Maße Gegenstand aktueller Forschungsprojekte der Kulturwissenschaften darstellt (vgl. Bredekamp 2008; Schnettler/Pötzsch). Ganz praktisch macht die Erfahrung jeder,

[4] „Dabei kommt es – wie bei der Kalligraphie – längst nicht mehr auf die Klarheit der Problematisierung an, sondern weit mehr auf Eleganz, ja Kühnheit der grafischen Erfindung (das zu explizierende Problem ist bloß Vorwand)" (ebd.: 171). Diese Ent-semantisierung wird geradeheraus gelobt: Die Inhalte werden rein dekorativ, über genaue Konfigurationen lohnt es gar nicht mehr nachzudenken. „Halte dich einfach an die Schönheit und weise jeden Sinn in dem Augenblick ab, wo er sich einstellen will" (ebd.: 173).

der seinen Fernseher einschaltet. Die Stimmverteilung nach einer Wahl anschaulich in einer relationalen Grafik zu sehen, vermittelt eine unmittelbare ‚Vorstellung' über die Verteilung, welche sich verbalsprachlich nur mit Mühe herstellen ließe.

> Mit Hilfe von anzuklickenden Site-maps wird durch das Internet navigiert. Kurvendiagramme der Aktienindizes bestimmen das zukünftige Verhalten der Anleger. Durch das periodisch publizierte >Politbarometer< wird das Wählerverhalten nicht nur abgebildet, sondern beeinflusst (Bogen 2005a: 154).

Nicht jedes Diagramm ist also genuin absurd oder komisch. Es steht tatsächlich in Anwendungszusammenhängen, die durch mediale Paratexte und tradierte Praktiken vermittelt werden. Werden diese ausgeblendet oder übergangen, wie es die Einsender der *wirrsten Grafiken* mit so viel Freude tun, findet eine ähnliche Reduktion statt, die zuvor am Diagramm selbst erkannt und bemängelt wurde: die Übersimplifizierung. Zur Verwendung bedürfte es freilich Legenden, Anweisungen oder schlichtweg Vorwissen, kurz also eines Kontextes. Die intendierte Ausblendung dieser Zusammenhänge, das bewusste Nichtabdrucken auch der Legenden und Erläuterungen, ist natürlich kein Versehen Henschels, das etwa Kritik verdiente. Im Kontext seines Bandes nämlich spielt eine Untersuchung der spezifischen Leistungsfähigkeiten – und Defizite – *einzelner* Infografiken keine Rolle. Ein zu langes Nachsinnen über eine einzelne Illustration trägt nicht zur Unterstützung des humoristischen Effekts bei, den die Abbildungen einerseits in ihrer Masse, gerade aber auch in ihrer Entnahme aus den unterschiedlichsten gesellschaftlichen Bereichen erzielen.

Die virulente Verbreitung der Grafik in den verschiedensten Disziplinen korrespondiert mit einem gesteigerten wissenschaftlichen Interesse für das Diagramm, das derzeit in den verschiedensten Disziplinen entdeckt wird: von Kunsthistorik, Kognitionspsychologie und Philosophie, bis zur Architekturtheorie und der Informatik – und nicht zuletzt den Medienwissenschaften.[5]

[5] Da die Bezeichnungsweisen und Abgrenzungen in starken Maße davon geprägt sind, ob sie aus kunst- (z.B. Gormans; Bogen 2005b) oder wissenschaftshistorischer (Tufte), philosophischer (Gehring; Wilharn; Shin), mathematisch-kognitionswissenschaftlicher (Gurr; Allwein; Bauer/Johnson-Laird), architektonischer (Eisenmann), journalisitischer (Liebig) oder alltags-

Die Kunstwissenschaftler Steffen Bogen und Felix Thürlemann prophezeiten der Wissenschaft bereits 2003 einen „diagrammatic turn“ (3)[6]. Welches Erkenntnisinteresse diese Zugänge auch aufweisen, es scheint Einigkeit darüber zu bestehen, dass es sich bei dem befragten Phänomen um eine vielleicht erkenntnisbildende, ganz sicher jedoch ernstliche Angelegenheit handelt, die allenfalls ästhetische Potentiale mit epistemologischen verbindet – kaum jedoch humoristische. Valeria Giardino urteilt in einem aktuell erschienenen Aufsatz (aus einer Lissabonner Tagung zu ‚diagrammatischer Praxis‘) über die Karte, dezidiert stellvertretend auch in Hinblick auf andere Graphen und Diagramme: „a map can lie, but by doing that it nonetheless takes seriously the object to which it refers, and for that reason it can never be a joke“ (155). Die Praxis scheint dem deutlich zu widersprechen. Mag man über die implizite Komik einer gescheiterten Infografik geteilter Meinung sein: Explizit als Witz konzipierte Diagramme sind vielleicht nicht besonders häufig zu finden, aber doch benennbar.

Will man über die Leistungsfähigkeit eines spezifischen Diagramms – und genauer: seiner Grenzen zum Komischen hin – nachdenken, bietet sich ein solcher Gegenstand an. Der Webcomic-Künstler[7] und ehemalige NASA-Programmierer Randall Munroe verwendet in seiner seit Januar 2006 dreimal wöchentlich erscheinenden Comicstrip-Serie *XKCD*[8] regelmäßig komische Diagramme, die zumeist auf keine andere Episode verweisen und eine in sich geschlossene ‚Pointe‘[9] konstruieren. Anders als in den Fundstücken Henschels

didaktischer Perspektive (Wong) vorgenommen wurden, kann von terminologischer Einigkeit allerdings keine Rede sein.

6 Der freilich schon fünf Jahre später als „diagrammatischer Hype“ ironisiert wurde (Schmidt-Burkhardt: 163). Der weiterhin steigenden Zahl an Publikationen zum Thema tut dies keinen Abbruch.

7 Es existiert eine gedruckte Edition von *XKCD* (vgl. Munroe: 2010); allerdings wurden dafür nicht jene Folgen selektiert, die hier untersucht werden sollen. Darum wird auf die Online-Quellen zurück gegriffen.

8 Das Kürzel *XKCD* steht für gar nichts, der Autor Munroe suchte tatsächlich nach einer Buchstaben-Kombination, die semantisch völlig leer war: „It couldn't have any obvious acronym decoding, it couldn't be pronouncable, because then it'd sound like words“, vgl. <http://www.youtube.com/watch?v=zJOS0sV2a24> 0'46'32 (Letzter Zugriff: 08.08.2012).

9 Im umgangssprachlich verstandenen Sinn eines ‚verstehenden Aha-Effekts‘.

ist hier kaum ein Element kontingent, da Munroe jeden Strip auf ein gestalterisches Minimum reduziert und seine komischen Diagramme mit fast mathematischer Präzision zuspitzt. Die Pointe beruht dabei, anders als in den *wirrsten Grafiken*, zumeist nicht alleine auf der Feststellung, dass hier ein der Rationalität geweihtes Medium als implausibel und absurd entlarvt wird. „Schadenfreude an der Hybris“ (Henschel: 172) spielt sicherlich auch bei der Rezeption Munroes eine nicht zu unterschätzende Rolle. Dennoch bedarf es zumeist einiger Reflexionszeit, bis der eigentliche Witz jedes Strips aufgedeckt wird, in dem kein Bild- oder Textelement vernachlässigt werden darf, will man den *gag* komplett verstanden haben. Ähnlich einer Rätselaufgabe sind viele der ‚komischen Diagramme‘ trotz ihrer gestalterischen Reduktion kognitiv voraussetzungsreich, so dass eine Sekundärseite namens *Explain XKCD*[10] mit Hinweisen zur ‚Entschlüsselung‘ entstanden ist. In Internet-Foren werden einzelne Folgen teils ausufernd diskutiert, nach Erläuterungen gefragt, oder um Rat zum Verständnis gebeten.[11] Das wirft verschiedene Fragen auf. Obgleich Diagramme zunächst einmal keine sehr komische Angelegenheit zu sein scheinen, erfreut sich *XKCD* größter Beliebtheit, zählt zu den populärsten Webcomics der Gegenwart[12], und bekam bereits Medien-Aufmerksamkeit von *The New York Times* und *The Guardian*[13]. Strips, die ausschließlich mit diagrammatischen Darstellungen arbeiten – im Gegensatz zu ‚konventionellen Comics‘ einerseits und aphoristischen Texten andererseits (welche nur illustrierend mit Bildern angereichert werden) – bilden zwar nicht den Kanon des mittlerweile fast 1000 Folgen umfassenden Katalogs; doch als regelmäßig wiederkehrendes Element scheint der Humor der ‚komischen Infografiken‘ durchaus zu funk-

---

10 <http://www.explainxkcd.com> (Letzter Zugriff: 08.08.2012).

11 Beispielsweise unter <http://forums.xkcd.com/viewforum.php?f=7> (Letzter Zugriff: 08.08.2012). Jeder Diskussions-‚*Thread*‘ widmet sich einer Folge.

12 Munroe gilt als einer der wenigen Webcomic-Künstler, die (über Werbung auf der Seite und den Verkauf von *Merchandising*-Artikeln) alleine von der Erstellung des Comics leben können. Die Besucherzahlen betragen 500.000 pro Tag, vgl. <http://www.nytimes.com/2008/05/26/business/media/26link.html?partner=rssnyt&emc=rss> (Letzter Zugriff: 08.08.2012).

13 Vgl. Fußnote 12, sowie: <http://www.guardian.co.uk/technology/2008/dec/18/internet-websites> (Letzter Zugriff: 08.08.2012).

tionieren.[14] Aufgrund der fast vollständigen Eigenständigkeit jeder Folge bietet sich damit annähernd eine Labor-Situation, in der (besser als bei Henschel) untersucht werden kann, was genau an den verwendeten Zeichen-Beständen – auf welche Weise – ins Komische kippt. Dass hier intentional ein Witz angestrebt wird, was von der unfreiwilligen Komik ‚dummer' Fundstücke auf vielen Ebenen unterschieden werden muss, darf natürlich nicht vernachlässigt werden. Wenn eine Ausgangs-Hypothese dieser Arbeit aber ist, dass der Witz als Inszenierung und Instrumentalisierung des unfreiwillig Komischen – oder ‚Dummen'[15] – erachtet werden kann, so kommt ihm eine besondere Bedeutung zu: In der Maske der ‚Dummheit', der Karnevalisierung einer komischen Verfehlung, simuliert der Witz, worüber wir am ungewollt Komischen lachen.[16] Konzentriert man sich innerhalb des Korpus von *XKCD* gerade auch auf die formal reduzierteren Beispiele, so lassen sich Elemente isolieren, welche in Überschreitung der praktikablen Grenzen des Diagramms auch etwas über dessen Leistungsfähigkeiten sagen. Das Komische kann somit als ein *Grenzphänomen des Verstehens*[17] erachtet werden, welches unmittelbar schwierige Fragen aufwirft.

---

[14] Zudem tauchen derzeit zahlreiche weitere Webcomics, in denen komische Diagramme feste Bestandteile sind, verstärkt auf, etwa *The Oatmeal* oder *Doghouse Diaries*. Auch Barbara Yelins im Jahre 2012 Max & Moritz-Preis-nominierter Zeitungsstrip *Riekes Notizen* greift vermehrt auf Graphen und Diagramme zurück, vgl. <http://theoatmeal.com>, <http://thedoghousediaries.com>, <http://riekesnotizen.wordpress.com/> (Letzte Zugriffe: 08.08.2012).

[15] Normative Bewertungen liegen für gewöhnlich außerhalb wissenschaftlicher Beschäftigungen mit einem Gegenstand. Wie in Abschnitt 2.2 anhand von Uwe Wirths Humor-Theorie gezeigt werden soll, lässt sich die ‚Dummheit' aber durchaus funktional bestimmen – für hinreichend viele Beobachter unter definierten historischen und kulturellen Bedingungen.

[16] Genauer untersucht in Abschnitt 2.2.1.

[17] Vgl. den Titel der humor-theoretischen Arbeit von Wirth (1999), auf die sich diese Untersuchung maßgeblich stützen wird: *Diskursive Dummheit. Abduktion und Komik als Grenzphänomene des Verstehens*. Eine Erörterung wird in Kapitel 2 geführt.

1.2. Inkongruenz und mediale Konventionen

Abbildung 1: *America.*
Mouseover-Text: „The younger folk in the audience think this is a joke".

Strip 204 von *XKCD* trägt den Titel *America* und präsentiert ein Zeitstrahl-Diagramm, das mit der Untertitelung „America must never forget" versehen ist. Eingetragen auf dem Zeitstrahl, der von der Unabhängigkeitserklärung 1776 bis zur Gegenwart des Jahres 2007 reicht, ist lediglich ein Ereignis des Jahres 1979: Der damalige US-Präsident James Carter soll, einer *urban myth* zufolge, von einem übergroßen schwimmenden Hasen angegriffen worden sein.[18] Unmittelbar springt eine paradoxale Konfiguration ins Auge: Einerseits ist es wohl für jeden Betrachter unzweifelhaft klar, dass wir es hier mit einer Manifestation von Humor oder Komik[19] zu tun haben. Andererseits fällt es

[18] Vermutlich hat das Ereignis stattgefunden. Eine Google-Suche nach „James Carter Rabbit Attack" liefert unzählige Treffer, die *Washington Post* erklärt den ‚Hasenangriff' in seiner politischen Bedeutung gar zur entscheidenden Metapher für Carters spektakuläre Wahlniederlage 1980 (vgl. <http://www.washingtonpost.com/wp-srv/politics/special/clinton/frenzy/carter2.htm> (Letzter Zugriff: 08.08.2012). Mit der Ambivalenz eben dieser Unglaubwürdigkeit spielt der *XKCD mouseover-Text* (ein versteckter Kommentar zu jedem Bild, der selbst oft Teil oder Erweiterung der Pointe ist): „The younger folk in the audience think this is a joke". Dies ist umso ironischer, insofern wohl ein Großteil der Leserschaft von *XKCD* keine Erinnerung an 1979 hat und eine Google-Recherche also – wie häufig in der Serie – programmatisch im Strip angelegt ist.

[19] Beide Ausdrücke, Humor und Komik, werden immer wieder synonym gebraucht, dementsprechend existieren Humortheorien und Komiktheorien nebeneinander (vgl. Siebert: 23). Wenn aber beispielsweise Peter Berger zwischen einer „*Eigenschaft* bestimmter Teile der Lebenswirklichkeit" (Komik) und einer „*Fähigkeit*, diese Eigenschaften wahrzunehmen" (Humor) unterscheidet (3), so ist dies – wie auch bei anderen Autoren – eng mit seinem weiteren

sehr schwer, begrifflich dingfest zu machen, wo in der abgebildeten Grafik der Witz liegt. Ohne jegliches präfigurierendes Vokabular ließen sich *ad hoc* zahlreiche Ebenen benennen, auf denen *America* sicherlich den Verwendungskonventionen wissenschaftlicher Darstellungen widerspricht: Dies betrifft die zentrale Inkongruenz zwischen Text und ‚Bild', aber auch die Ausarbeitung der diagrammatische Darstellung selbst.[20]

Sucht man unter der großen Zahl an Veröffentlichungen zu Komik und Humor nach Überlegungen zur Inkongruenz, wird man schnell fündig. Als anerkannter Ausgangspunkt und Hintergrundfolie komiktheoretischer Überlegungen gilt eine heuristische Dreiteilung, wie sie etwa Salvatore Attardo (47ff.) oder Victor Raskin (1994: 1616ff.) vornehmen. Es lassen sich drei grundsätzlich verschiedene methodische Ansätze herausarbeiten: Überlegenheitstheorien, die den sozialen Faktor des Witzes betonen (Humor als Feindschaft, Überlegenheit oder latente Aggression), Entlastungstheorien, die psychoanalytisch auf Aspekte der Trieb-Entlastung und Sublimation eingehen, sowie Inkongruenztheorien, die sich für die eher kognitiven Aspekte der Funktionslogik des Witzes interessieren.[21] Gemeinsamer Nenner der verschiedensten Inkongruenz-Theorien bildet die Vermutung, dass ein Witz eine Kollision inkongruenter oder inkommensurabler Zusammenhänge provoziert, die einen Irritationsmoment im Verstehen erzeugen (vgl. Müller: 102).

> Die Inkongruenztheorien konzentrieren sich auf den Entstehungsprozess einer komischen Situation und die ihr zugrunde liegenden Bedingungen. Das Wesen der Komik ruht demnach auf mindestens zwei im weitesten Sinne unvereinbaren Elementen, die in ihrer (unerwarteten) Kombination komisch wirken (Siebert: 31).

---

theoretischen Apparat verknüpft. Eine Definition für diese Untersuchung, die sich auf Wirth bezieht, soll in 2.2.1 herangezogen werden.

[20] Diese Inkongruenzen werden in 2.2.3 genauer diskutiert.

[21] Noch schematischer: „Hostility theories focus on the goals and intentions of humor. The release theories want to know what causes humor. The incongruity theories address the issues of how humor works" (Raskin 1994: 1617). Obgleich in der Rezeption eines als komisch empfundenen Phänomens sicherlich alle genannten Faktoren eine Rolle spielen, scheinen Inkongruenztheorien, einer ersten Vermutung gemäß, am besten geeignet, die Binnenstruktur eines Schlussfolgerungsmediums wie des Diagramms zu durchdringen.

Bei den ‚unvereinbaren Elementen' in *America* handelt es sich um Brüche mit medialen Konventionen im weitesten Sinn: Wir verwenden üblicherweise Diagramme nicht in dieser Weise. Transgression gegen einen Normalzustand wird von Vertretern der Inkongruenztheorie auch stets als grundsätzliches Komikprinzip hervorgehoben.[22]

Was ist aber damit ausgesagt? Zum einen stellt sich die Frage, warum die genannten ‚Inkongruenzen' nicht lediglich als Unsinn aufgefasst werden. Damit ist ein Punkt in der Geschichte der Humor-Forschung erreicht, der viel diskutiert wurde. Inkongruenzen müssen in irgendeiner Weise motiviert sein, sonst handelt es sich um bloßen Nonsens oder um Rätsel. Ralph Müller illustriert dies in seinen *Theorien der Pointe* an Noam Chomskys Beispiel „farblose grüne Ideen schlafen wütend" (Müller: 107). Erst, wenn der Kontext eines ‚Parteitags der Grünen' aufgerufen wird, lässt sich die Inkongruenz der „semantischen Anomalie" (ebd.) durch einen neuen Zusammenhang überwinden und von einem Witz sprechen. Aus bloßen Ungereimtheiten muss ein Mehrwert abgeschöpft werden können, „nicht zuletzt die vage Überzeugung, etwas Bestimmtes verstanden zu haben" (Müller: 238) – was auch immer das im Einzelfall bedeuten mag. „So, wie Lachen nicht immer auf eine witzige Situation zurückzuführen ist, ruft die Perzeption eines inkongruenten Ereignisses nicht zwangsläufig Belustigung hervor" (Siebert: 33). Zahlreiche Humor-Theorien suchen die Nahtstelle von widersinniger Unsinnigkeit einerseits zu sinnfälligem Humor andererseits in narrativen Kontexten, die eng mit einer erzählerischen (und erzählbaren) Pointe verknüpft sind: dem Schließen einer narrativen Ellipse, welche sich in der komiktheoretischen Grundbedingung der *Konzision* niederschlägt (erzählt man den Witz vollständig, also erklärt, so geht die Pointe verloren, vgl. Müller: 120). Davon kann in einer graphischen Darstellung natürlich keine Rede sein. Versucht man also, den vielfachen Untersuchungen zu diesem Thema analytisches Vokabular abzugewinnen, um den

[22] Eine Tradition, die in Michail Bachtin ihren prominentesten Fürsprecher findet, dessen Konzept der Karnevalisierung (etwa am Beispiel der Überschreitungen von Ordnungsmechanismen bei Rabelais, vgl. Bachtin 1985 und 1995) reichlich rezipiert wurde. Bachtin sieht das Besondere am Humor darin, dass hier Überschreitungen folgenlos bleiben. Frei von Sanktionen können etablierte Tabus ausgetestet und kurzzeitig überschritten werden.

Pointen in *XKCD* auf die Spur zu kommen, stößt man unversehens an fachspezifische Grenzen.

> Klassische Inkongruenztheorien, die auf der reinen Handlungsebene verbleiben, sind zu sehr dem linguistisch-semiotisch geprägten Textbegriff verhaftet, da sie von der klassischen Erzählstruktur des Witzes ausgehen (Siebert: 10).

So stellt Jan Siebert schon für den Zeichentrickfilm fest – umso mehr gilt dies für Phänomene diagrammatischen Humors, in der von jeder Diegese- und Handlungs-Vorstellung *per se* abgesehen werden muss.

Mit der summarischen Aufzählung von Ungereimtheiten innerhalb medialer Konventionen ist also nicht viel gewonnen. Zum anderen aber, und das ist bedeutsamer, hat der Gegenstand noch mehr zu bieten, als sich mit einer Rekonstruktion von Inkongruenz (im Sinne spielerischer Transgression) abdecken ließe. Geht man nämlich von der theoretischen Beschäftigung weg und – *bottom-up* – zu *XKCD* #204, *America*, zurück, kommt man um eine Feststellung nicht herum: „Amerika darf zweierlei nie vergessen: Die Unabhängigkeitserklärung und der Angriff eines schwimmenden Hasen auf Jimmy Carter" – der propositionale Gehalt dieser Aussage divergiert zunächst kaum von den Informationen, die ein geschulter Interpret dem Diagramm entnehmen könnte. Über die Tatsache hinaus, dass ein Diagramm hier nicht zu erwarten wäre – was geschieht mit den beiden Größen, wenn sie eben *nicht* sprachlich gegenüber gestellt werden, sondern in dieser anschaulichen Form kontrastiert werden? Offensichtlich würde eine Verbalisierung einiges verlieren: Zunächst die Uneindeutigkeit, ob die Eingangsmarkierung 1776 tatsächlich ein *Vergleichs*wert ist, nicht lediglich die Referenz der ‚Messung'; des Weiteren die relationale Skalierung der Zeitstrecken links und rechts vom ‚Hasen-Ereignis', die zur Gegenwart hin natürlich kürzer ausfällt. Schließlich weist das Diagramm gerade auch etwas auf, das *nicht* zu sehen ist: Die (von der 1979-Eintragung abgesehen) klaffende Leere auf den Zeitachsen, die über eine bloße Nicht-Erwähnung (in der Verbalisierung) hinausgeht: die Abwesenheit anderer relevanter Ereignisse bleibt in jedem Millimeter (oder Bildschirmpixel) als *absent* sichtbar. Dies scheint über eine bloße Verwendungskonvention, die auch anders zu denken wäre, hinaus zu gehen. Und offensichtlich hat es irgendetwas mit dem ‚Witz' der Darstellung zu tun. Einen Hinweis liefert Bogen:

> Mit dem Begriff ‚diagrammatisch' soll eine spezifische Eigenschaft von Medialität bezeichnet werden, die weder in der Logik der Schrift noch in einer Phänomenologie des (Einzel-)Bildes aufgeht (Bogen 2005b: 73).

Was auch immer unter dieser ‚spezifischen Medialität' zu verstehen ist: Nimmt man Henschels und Rutschkys (enttäuschte) Erwartung an das Diagramm ernst, ein Medium[23] zu sein, das Wissen generiert und Schlussfolgerungen ermöglicht, so wäre im Zuge dieser Untersuchung die folgende These zu prüfen: Das Schlussfolgern anhand eines Diagramms besitzt eine Medienspezifik, welche komische Inkongruenzen generieren kann, die anderen Medien nicht zu eigen sind. Die Fragestellung ist damit klar formuliert: An welcher Stelle wird dabei die Schwelle zum (unabsichtlich) Komischen überschritten, oder – bescheidener – wie ist der (intentionale) Witz in einem *XKCD*-Diagramm zu verstehen?

1.3 Aufbau der Arbeit

Diese Arbeit versteht sich somit als ein Ansatz zu einer Humor-Theorie des Diagrammatischen. Dies wäre nicht zu leisten, hätte Uwe Wirth nicht bereits in seiner Dissertationsschrift *Diskursive Dummheit* eine Studie vorgelegt, welche für den Gegenstand in idealer Weise geeignet scheint. Über die Figuration der ‚komischen Aufwandsdifferenz' bringt Wirth drei Begriffsfelder zusammen, die in dieser Einführung allenfalls assoziativ um das Phänomen des komischen Diagramms und Rutschkys Kommentare kreisen: das hypothesenbildende Schlussfolgern, die komische Inkongruenz und die Anwendungspragmatik. Wirth führt die Hypothesen-Bildung auf das Konzept der *Abduktion* zurück, wie es Charles Sanders Peirce begründet hat. Holzschnittartig lässt

[23] Was genau darunter zu verstehen ist, wird in Kapitel 4 zu erläutern sein. Hier mag nur festgehalten werden, dass jede Schlussfolgerung ein Medium benötigt, anhand dessen (und in dem) sie vollzogen werden kann – sei es das der Formel, der Sprache oder des Diagramms. Eine eingehendere Bestimmung des Medienbegriffs wird unter 4.1 erörtert. Dabei sollen auch diskursive Zuschreibungen und gesellschaftliche Praxen nicht vernachlässigt werden.

sich dieses so zusammenfassen, dass eine *economy of research*, welche jedem schlussfolgernden Denken innewohnt, ein Potential zum Komischen aktiviert, wenn bestimmte pragmatische Standards[24] verletzt werden. Das Komische lässt sich als verstehender Nachvollzug der Differenz zwischen dem Ideal einer angemessenen *economy of research* und dem realen Aufwand beim abduktiven Aufstellen von Hypothesen begreifen. Ein Witz erzeugt einen Bruch in der Erwartungshaltung, der den Interpreten dazu veranlasst, rekonstruktiv nach einem vorher liegenden Bruch zu forschen, der zu einer offensichtlich ‚dummen' Bearbeitung geführt hatte: der Formulierung eines irrelevanten oder implausiblen Zusammenhangs. Darum scheinen die verhandelten Episteme in idealer Weise für ein Medium – dem Diagramm – geeignet, welchem relationierende Hypothesenbildung und die Möglichkeiten zum schlussfolgernden Denken, geradezu eingeschrieben ist. Zwischen Theorie und Gegenstand – dem komischen Diagramm am Beispiel von *XKCD* – scheint hier in exemplarischer Weise eine Kongruenz zu bestehen. In einem ersten Arbeitsschritt in Kapitel 2 soll daher Wirths Humor-Theorie rekonstruiert werden.

Kapitel 3 wird daraufhin eine Definition des Diagramms anstellen, auf das Wirths Überlegungen angewandt werden sollen. Die markanteste Eigenschaft des Gegenstandes, seine *Anschaulichkeit*, findet bei Wirth allerdings keinerlei Erwähnung.[25] Genau darin aber besteht die Gemeinsamkeit der sonst sehr unterschiedlichen Typen von Diagrammen, die *XKCD* anzitiert – und die in Henschels Buch zu finden waren. Daher wird die in Kapitel 3 vorzunehmende Bestimmung des Diagramms anhand einer Erörterung seiner spezifischen *Ikonizität* erfolgen.[26] Es ergibt sich damit ein enger Begriff des Diagramms als Klasse von Darstellungssystemen (Kapitel 3.2), sowie der weitere Begriff einer

---

[24] Es muss betont werden, dass sich der hier genutzte Begriff der Pragmatik von den verschiedenen Verwendungstraditionen unterscheidet, über die etwa Gazdar und Levinson einen Überblick geben. Gemeint ist ein Verständnis von Pragmatik, wie es wiederum für Peirce zentral war – mehr dazu in 2.1.

[25] Wirth selbst kommt aus der Literaturwissenschaft und baut seine Studie überwiegend an literarischen (und filmischen, jedenfalls aber narrativen) Exempeln auf, in welchen implizite Schlussfolgerungsprozesse extrapoliert werden – mit dem Fokus, ihre Grenzen zum Komischen an der praktischen Applizierbarkeit und Plausibilität zu suchen.

[26] Ikonizität soll nicht mit Visualität gleichgesetzt werden. Darauf ist in 3.1 genauer einzugehen.

allgemeinen Diagrammatik als allgemeines Schlussfolgerungs- und Erkenntnis-Verfahren (Kapitel 3.3). Beide korrelieren mit einer je verschiedenen Auffassung von Ikonizität und sollen einander nicht gegenübergestellt, sondern durch aktuelle Studien zur medienwissenschaftlichen Diagrammatik – vor allem bei Matthias Bauer und Christoph Ernst – aufeinander bezogen werden. Der enge Begriff bestimmt das Diagramm als Gattung (anhand seiner syntaktischen Eigenschaften), der weite Begriff spezifiziert dessen Funktionalität im Schlussfolgern und Experimentieren.

Diese Erörterung erlaubt eine neue Untersuchung des Gegenstands, nun in seiner Medienspezifik. Kapitel 4 wird das Phänomen des komischen Diagramms vor diesem Hintergrund neu ausloten und somit Kapitel 2 und 3 zusammenführen. Dabei wird in einem ersten Schritt (4.1) zu klären sein, wie das Verhältnis einer hypothesenbildenden Assoziation (einem mentalen Prozess) zu ihrer medialen Formulierung (im Diagramm) beschaffen ist. Nachdem geklärt worden ist, was unter einer spezifischen *Medialität* unterschiedlicher Diagramm-Gattungen zu verstehen ist, werden zwei Aspekte im Vordergrund stehen, welche dem *anschaulichen* Formulieren von Zusammenhängen im Diagramm (gegenüber anderen Medien) zueigen sind: Untersucht werden soll zum einen (4.1.2 - 4.1.4), dass jedem Diagramm bereits in seiner Grund-Konfiguration eine Theorie über die ‚epistemischen Dinge'[27] (die dargestellten Objekte, die Konstrukte) eingeschrieben ist, die in ihm repräsentiert werden. Da alle Diagramm-Typen üblicherweise bestimmten soziokulturellen Traditionen und Praxen entstammen, hat die Wahl des Mediums, in dem (und durch das) eine Relation erzeugt wird, stets auch eine rhetorische Funktion, die diskursiv herausgebildet worden ist. Zum anderen aber (4.2) sind alle von einem ‚Evidenz-Effekt' geprägt, der räumlich-topographischen Relationen offenbar zueigen ist: die angesprochene ‚unmittelbare Ersichtlichkeit' der diagrammati-

---

[27] Nach Hans-Jörg Rheinberger (vgl. 24 ff.). Gemeint sind hier ‚Wissensdinge', solches also, das thematisiert, als Begrifflichkeit eingeführt und von einer Repräsentation bearbeitet werden kann. Dem Gegenüber stünden stabilisierte Komponenten, die nicht mehr hinterfragt werden. Ein solcher Wechsel im epistemischen Status ist jederzeit möglich. Hier wird von epistemischen Dingen die Rede sein, sobald ein Objekt Gegenstand einer diagrammatischen Darstellung wird (vgl. auch Bredekamp 2008: 91 ff.).

schen Darstellung. In Verschränkung dieser beiden Dimensionen, der rhetorischen wie der anschaulichen, wird die Spezifik des Mediums gesehen, welche vor der Fragestellung des Komischen eine besondere Erfahrbarkeit erhält. Die komische Inkongruenz, die ein Interpret überwinden muss, um implausible Grafiken einzuordnen, kann (auch) an der Medienspezifik des Diagramms angesiedelt werden. Ein letzter Schritt dieses Kapitels (4.3) wird die erarbeiteten Erkenntnisse an Wirths Modell rückbinden und ihren Ort innerhalb der *economy of research* bestimmen.

Kapitel 5 schließlich wird die Überlegungen an den bis dahin verwendeten Beispielen explizieren und vor der komischen Inkongruenz des Witzes reformulieren (5.1). Die Fragen, was ein plausibles Diagramm auszeichnet und wann Verstehensprozesse komisch werden, lassen sich somit unmittelbar aufeinander beziehen. Obgleich als Gegenstand der Untersuchung Randall Munroes *XKCD* fungiert, kann in einem abschließenden Ausblick (5.2) zumindest angedeutet werden, wie sich die getroffenen Überlegungen auf *die wirrsten Grafiken der Welt* ausweiten ließen.

Mit Hinblick auf die Methodik bleibt anzumerken, dass diese Arbeit sich auf die Begriffe und Konzeptionen von Charles Sanders Peirce stützen wird, auf den die Diagrammatik im Wesentlichen zurückzuführen ist (vgl. Bauer/Ernst: 40) und der auch Wirth in seiner Humor-Theorie als Grundlage dient. Inwiefern es sinnvoll und wünschenswert ist, sich für eine medienwissenschaftliche Untersuchung auf Peirce zu stützen, darüber ist bereits die semiotische wie philosophische Forschergemeinde in ihren eigenen Anwendungsbereichen gespalten (vgl. Halawa: 187). Das Misstrauen[28], welches Peirces Denken immer wieder entgegen gebracht wird, lässt sich bezeichnenderweise gerade an sei-

[28] James Jakób Liszka eröffnet seine Peirce-Untersuchung mit der resignierten Feststellung, dass dessen ständige Neologismenbildung nur noch davon übertroffen wird, oft gleiche Terminologien für verschiedene Gegenstände durchzuwechseln (vgl. 9). Zudem ist die editoriale Lage schwierig. Ein Hauptwerk, um das herum sich die Ideen von Peirce anordnen ließen, existiert nicht. Von den ca. 80.000 Seiten an Schriften, die Peirce hinterlassen hat, sind die meisten noch nicht einmal editiert (vgl. Hoffmann: 27).

nem Ikonizitäts-Begriffs demonstrieren, wie exemplarisch bei dem Berliner Semiotiker Börries Blanke:

> Das Problem damit [Peirces Vorstellung vom *Ikon* – L.W.] ist nur – wie immer bei Peirce –, dass seine jahrzehntelange Auseinandersetzung mit dem Ikon sich nicht in einer konsistenten Theorie, sondern in einer Menge zum Teil genialer, aber durchaus widersprüchlicher Ideen niedergeschlagen hat. Es ist einfach, sich je nach verfolgtem Argumentationsziel ein Zitat aus den tausenden von Seiten zu suchen, die Peirce hinterlassen hat – im Zweifelsfall findet man immer etwas Passendes (70).

Da dem nichts entgegen zu setzen ist, soll primär nicht mit Peirce selbst operiert werden, sondern mit den (in sich homogenen) selektiven Exegesen von – zunächst – Wirth, später von Jan Wöpking, Bauer/Ernst sowie Michael H.G. Hoffmann, die sich unter verschiedenen Forschungszielen dem Phänomen des ‚Diagramms'[29] nähern. Eine Nutzbarmachung dieser Konzeptionen für das umrissene Problemfeld des komischen Diagramms ist das Ziel der anstehenden Untersuchung.

[29] In Anführungszeichen, da sowohl Extension als auch Intension des Begriffs weit variieren können (mehr dazu in 3.2 und 3.3).

2. Inkongruenz zwischen Hypothesenbildung und Witz #1: Grenzphänomene des Verstehens

Der erste Abschnitt dieses Kapitels (2.1) erörtert grundlegende Fragen zum Prozess der Hypothesenbildung. In drei Schritten soll ausgeführt werden, wie Wirth anhand der Begrifflichkeiten von Charles Sanders Peirce Erkenntnisentwicklung versteht und welche Rolle dabei die Abduktion – die kreative Bildung probeweiser Hypothesen – spielt. Der erste Schritt (2.1.1) setzt sich mit einigen grundlegenden Paradigmen Peirces auseinander: der *Pragmatischen Maxime* sowie der Bedeutung eines ‚unerwarteten Phänomens' als Ausgangspunkt aller Denkbewegungen. Der zweite Schritt (2.1.2) beschäftigt sich mit der Frage der *Logik* der hypothesenbildenden Abduktion. Der Zugang wird hier über die Figuration des ‚Witzes' gesucht, dessen ausufernde Begriffsgeschichte weitgehend ausgeklammert bleibt. Um aber doch als ‚Erkennen von weit entfernten Ähnlichkeiten' im Kern der assoziativen Hypothesenbildung verortet zu werden, soll verkürzt eine kulturhistorische Minimal-Definition herausgearbeitet werden, wie sie Wirth selbst vornimmt. Das Erkenntnisinteresse richtet sich besonders darauf, wie zwischen guten und schlechten Hypothesen zu unterscheiden ist, wenn eine Mutmaßung sich noch nicht schlüssig verifizieren oder falsifizieren lässt. Peirce konstatiert hier ein Ökonomieprinzip der praktischen Plausibilität, welches in einem anschließenden dritten Schritt (2.1.3) genauer diskutiert werden wird.

Der zweite Abschnitt dieses Kapitels (2.2) betrachtet, oppositionell zu den Prinzipien *gelungenen* und *effizienten* Folgerns, die andere Seite des abduktiven Prozesses (mit einiger Originalität hat Wirth solche als *Grenzphänomene des Verstehens* stark gemacht): Ausfälle und Störungen, insbesondere im Bereich des Humors in all seinen Erscheinungsformen. In einem ersten Schritt (2.2.1) muss das Verhältnis jener genuinen ‚Dummheit' des Schlussfolgerns zu ihrer inszenierten Form im Witz – als intentionaler Strategie – herausgearbeitet werden. Daran anschließen lässt sich ein zweiter Schritt (2.2.2), der die konstruktive und die rezeptive Seite des Witzes aufeinander zu beziehen sucht. Anhand eines ausführlicher analysierten Beispiels soll gezeigt werden, welche

Rolle die ‚komische Inkongruenz' darin spielt, Abduktionsprozesse in Gang zu setzen; da diese im Verstehen eines Witzes in der Lage sind, vorangegangene (inszeniert missglückte) assoziative Verbindungen einzuholen, wird sich so das Zusammenspiel von Witz als Vermögen und Witz als Produkt noch präziser formulieren lassen. Einige anschließende Schlussfolgerungen (2.2.3) im dritten Schritt werden die erarbeiteten Begrifflichkeiten zusammenfassen und in Rückbezug zum Gegenstand der Untersuchung – dem komischen Diagramm – die vorhandenen Unschärfen ausloten.

2.1. Hypothesenbildung, Erkenntnisentwicklung, abduktives Schließen

Im Zentrum von Peirces evolutionärem Verständnis von Denkprozessen steht weniger die Frage nach der Rechtfertigung von vorformuliertem Wissen, sondern eine Beschäftigung mit dem Problem, wie neues Wissen überhaupt gebildet (und modifiziert) werden kann. Es geht um die Frage nach der Dynamik von Denkprozessen, nach der Veränderung und Transformation von Überzeugungen und Gewohnheiten (vgl. Hoffmann: 15ff.).

Unter Gewohnheiten, unseren *habits*, versteht Peirce die Summe unseres Wissens, welches einen Deutungsrahmen für alle Erwartungen zukünftiger Ereignisse liefert: „Our knowledge is, in fact, made up of habits, and these habits (the ordinary belief) determine what is expected" (Almeida: 15). Wenn Dinge oder Ereignisse den Gewohnheiten entsprechen, wie wir sie gefestigt haben, hält sich ein Equilibrium, welches nur durch ein ‚unerwartetes Problem' gestört wird.

> A problem troubles the thought, and, following Peirce, thought in action has for it's only possible motive the attainment of thought at rest, since the irritation produced by the doubt is for him ‚the motive of thinking' (ebd.).

Die Funktion des Denkens besteht somit darin, anhand von Zweifeln (neue) Überzeugungen (*beliefs*) herauszubilden, die, sofern sie sich bewähren, zu Gewohnheiten (*habits*) werden können. Wenn beispielsweise eine Hypothese Y entscheidend zum Verständnis eines Problems X beiträgt (und indem sie ein erfolgreiches Handeln in Bezug auf X ermöglicht) kann sie zu einer Gewohnheit heranreifen. Aus diesem Grund schreibt Peirce: „The production of believe is the sole function of thought“, sowie, mit verändertem Schwerpunkt: „the whole function of thought is to produce habits of action“ (Peirce nach Halawa: 135). Dies bezieht Peirce wiederum auf das Denken selbst als eine *erkenntniserzeugende* Handlung und formuliert seine *pragmatische Maxime* als eine Regel zur Erkenntnisentwicklung, bzw. zur Klärung der Bedeutung von Konzeptionen, indem sie danach fragt,

> consider what effects, that might conceivably have practical bearings, we conceive the object of our conception to have. Then, our conception of these effects is the whole of our conception of the object (Peirce nach Hoffmann: 132).30

Aus diesem, auf das zukünftige Handeln bezogenen Verständnis von ‚Bedeutung‘ heraus ergibt sich der Prozess des hypothesenbildenden Schlussfolgerns.

2.1.1. Das unerwartete Phänomen

Als archimedischer Punkt jeder Erkenntnisentwicklung darf die Frage gelten, welche konkrete Situation uns zuallererst dazu veranlasst, bestehende Überzeugungen in Zweifel zu ziehen und neue Hypothesen aufzustellen. Damit kommt dem ‚unerwarteten Problem‘, das als Initialzündung jedes schlussfolgernden Denkens fungiert, eine fundamentale Rolle zu. Die erklärungsbedürftige Tatsache bricht gewissermaßen durch die Erwartungshaltung des Subjekts und sorgt für Überraschung: „some surprising phenomenon, some experience which either disappoints an expectation, or breaks in upon some habit of expectation of the inquisiturus“ (Peirce nach Wirth 1999: 31). Erst wenn wir uns mit Widersprüchen oder Überraschungen konfrontiert sehen, die nicht ohne weiteres mit dem gegebenen Wissen und unseren Erfahrungen in Einklang zu

[30] Die Anwendung dieser Methode auf die Bedeutungsbestimmung eines Gegenstands (oder einer Aussage) darf nicht so verstanden werden, dass die Bedeutung des Gegenstands von einzelnen konkreten ‚Wirkungen‘ (*effects*) abhängig gemacht werden könnte. Nicht distinkte Ereignisse oder individuelle Fakten sind gemeint, sondern *mögliche* und *denkbare* Folgen. Damit aber umspannt die Bedeutung stets bereits eine allgemeine Regel – eine Hypothese – über Gesamt-Zusammenhänge und Relationen (vgl. Hoffmann: 133). Darauf wird in 4.3.1 genauer eingegangen.

bringen sind, ergibt sich die Notwendigkeit, Probleme zu lösen und Schlussfolgerungen anzustellen. Der ‚Zweifel', wenn etwas nicht richtig zusammenpasst, ist somit Ausgangspunkt aller Erkenntnisentwicklung (vgl. Hoffmann: 29). Erst der Bruch mit bestimmten Erwartungen rückt vorhandenes Wissen in eine Perspektive, in der es selbst zum Gegenstand der Untersuchung wird.

> Our knowledge of any subject never goes beyond observations and forming some half-conscious expectations, until we find ourselves confronted with some experience contrary to those expectations. At once we turn over our recollections of observed facts; we endeavor so to rearrange them, to see them in a new perspective that the unexpected experience shall no longer appear surprising (Peirce nach Wirth 2002: 161).

Dabei sind es weniger die faktischen und intersubjektiven Gegebenheiten des unerwarteten Problems, die diese Beschäftigung fordern, sondern seine Integrierbarkeit in bestehende Denkstrukturen und Weltbilder des jeweils Einzelnen. „Zu einem Paradigmenwechsel kommt es nur, wenn sich eine Theorie als unfähig erweist, Regeln zur Bestimmung lösbarer Rätselaufgaben bereit zu stellen" (Wirth 1997: 380).[31] Ob man von einem konventionalistischen oder einem intentionalistisch-pragmatischen Regelverständnis ausgeht (vgl. Wirth 1999: 27) – die Tatsache, dass es ‚Regeln' zu geben scheint, nach denen neue Erfahrungen in bestehendes Wissen integriert und in Bezug gesetzt werden, ist nach Peirce die Grundvoraussetzung dafür, dass erklärungsbedürftige Widersprüche und Probleme überhaupt als solche empfunden werden können.[32]

Den Prozess, der an die Erfahrung eines unerwarteten Problems anschließt, beschreibt Peirce als den Dreischritt von Abduktion, Deduktion und Indukti-

[31] Der Begriff der ‚Regel', die hier eingebracht wird, ist freilich sehr vage. Regeln können nicht nur normative Vorschriften, sondern auch implizite Übereinkünfte oder strategische Maximen sein, ein „Netzwerk von Prinzipien, Normen und Anweisungen mit unterschiedlichem logischen und ontologischem Status" (ebd.: 53). Für die Rekonstruktion des Prozesses der Hypothesenbildung genügt es aber festzuhalten, dass eine unerwartete Erfahrung mit vorhandenem Wissen in Konflikt gerät, welches – *ex negativo* formuliert – zumindest nicht vollkommen arbiträr verwaltbar ist.

[32] Eine allen Regelbegriffen „übergeordnete Instanz ist die auf der Kontinuität der Kontexte beruhende Gewohnheitsbildung [...], die im jeweiligen Traditionszusammenhang und kulturellen Kontext verwurzelt ist" (ebd.: 27).

on. In der Konzeption dieses Dreischritts besteht der Kern der Peirce'schen Erkenntnistheorie. Im abduktiven Prozess muss zunächst eine Hypothese gebildet werden, die das unerwartete Problem erklären könnte. Dies folgt dem Muster „wenn A wahr wäre, würde C eine Selbstverständlichkeit sein" (Hoffmann: 198). Die Abduktion besteht im „Studium der Tatsachen und dem Erfinden einer Theorie, um diese zu erklären" (Wirth 1999: 30). In der Selektion und Formulierung plausibler Hypothesen, die zur Rekonstruktion von Sinnzusammenhängen – und zur konstruktiven Setzung ganz neuer Zusammenhänge – führen, gründen somit alle neuen Ideen, sowohl im Alltag als auch in der Wissenschaft (vgl. Hoffmann: 31ff.).

Ist eine Hypothese aufgestellt, die das unerklärliche Phänomen zu einer Selbstverständlichkeit machen würde, hat sie freilich noch keinerlei Gültigkeit. Die Abduktion liefert sozusagen, wie Wirth es formuliert, Wahrheiten „auf Bewährung" (1999: 168). Im nächsten Schritt müssen die logischen Konsequenzen der aufgestellten Vermutung (deduktiv) ermittelt und daraus Prognosen auf Zukünftiges erstellt werden, deren Richtigkeit in gezielten (induktiven) Tests erwiesen werden muss.[33]

---

[33] Die deduktive Schlussfolgerung, die nach den notwendigen Konsequenzen und den aus den Prämissen ableitbaren Konklusionen sucht, ist dabei die einzig logisch *gültige* Form des Schließens. Das Standard-Beispiel des *Barbara*-Syllogismus – dass alle Menschen sterblich sind, Sokrates ein Mensch und damit notwendigerweise auch sterblich ist – zeigt auf, dass die Deduktion eigentlich kein neues Wissen schafft: Der Schluss wird ‚entdeckt', indem „die bereits implizit in den Prämissen gegebene Möglichkeit einer Ableitung ‚expliziert' wird" (Wirth 1999: 164). Da nichts in der Konklusion sein darf, was nicht bereits in den Prämissen enthalten ist, kann der notwendige Schluss nur den propositionalen Gehalt seiner Prämissen explizieren und „niemals neues Wissen schaffen". Diese Feststellung hält einer sorgsameren Prüfung freilich nicht ganz stand. Insofern deduktive Schlussfolgerungen nicht vollständig automatisiert, sondern stets zielgerichtet vorgehen, beinhalten sie selbst kreative Momente, die Michael Hoffmann herausgearbeitet hat. Er findet den Dreischritt aus Abduktion, Deduktion und Induktion daher in rekursiver Weise als Binnenmechanismus der Deduktion selbst vor (vgl. Hoffmann: 204). Der Induktion kommt es schließlich zu, zu prüfen „ob sich die Erwartungen, die in der Abduktion hypothetisch antizipiert und in der Deduktion logisch impliziert wurden, im Experiment auch tatsächlich erfüllen" (Wirth 1999: 168). Oft liest man daher, dass es sich bei Induktion um Schlüsse vom Allgemeinen auf das Besondere handele, etwa: von der Beobachtung, dass einhundert Schwäne weiß sind, zum Schluss, dass Schwäne immer weiß seien. Dabei übersieht eine solche Interpretation des induktiven Folgerns, dass bereits ein verallgemeinerter Zusammenhang bestehen muss, der daraufhin erst überprüft

Die Rolle der Hypothesenbildung nimmt damit im Peirce'schen Pragmatismus eine zentrale Rolle ein, „alle Ideen der Wissenschaft gelangen auf dem Wege der Abduktion zu ihr“ (ebd.: 30). Dennoch dürfen Abduktion, Deduktion und Induktion nicht als voneinander unabhängige ‚Formen des Schließens‘, sondern als ineinander greifende Stadien des Interpretationsprozesses aufgefasst werden, eben: dem Zirkelschluss der Semiose (ebd.: 16). Da bei diesem Dreischritt der Erkenntnisentwicklung die Momente der Tätigkeit, des Problemlösens, sowie der Beseitigung von Zweifeln im Zentrum stehen, handelt es sich um eine *pragmatische* Erkenntnistheorie im Sinne der oben angeführten Maxime (vgl. Hoffmann: 32): Was keinerlei denkbare praktische Auswirkungen auf resultierende Konsequenzen haben *könnte*, ist daher für Peirce grundsätzlich ohne Bedeutung.

Erweist sich eine Hypothese aber als geeignet, das zuvor unerwartete Problem zu erklären, so festigt sich der Schluss langsam zu einem neuen *habit*, einer Gewohnheit, die einen neuen Erwartungshorizont auf künftige Ereignisse darstellt.

> Wenn sich immer und immer wieder als erfolgreich herausstellt, dass A das Phänomen C erklären kann, dann stellt sich nach einer Weile A als Erklärungs*regel* dar, die sich auf alle C anwenden lässt. Eine solche Regel umschreibt genau das, was Peirce unter einem *Habit* versteht (Halawa: 116).

---

werden kann. Dieser muss zunächst abduktiv geschaffen worden sein, in diesem Beispiel: die Hypothese, dass Schwäne *möglicherweise* stets weiß sein *könnten*. Ansonsten würde man unter allen denkbaren Eigenschaften von Schwänen die eine Tatsache, dass diese *auch* weiß sind, erst nach langen, ergebnislosen Überprüfungen nur zufällig in Betracht ziehen. Niemand aber macht ein Experiment, „ohne mehr oder weniger daran zu denken, dass ein interessantes Ergebnis herauskommen wird“ (ebd.: 171). Die Tatsache dass Abduktion und Induktion oft vermischt werden hängt damit zusammen, dass Peirce selbst hier eine Entwicklung vollzieht. Für den späteren Peirce hat Induktion tatsächlich gar nichts mehr mit Schlüssen „vom Allgemeinen auf das Besondere“ (Peirce nach Wirth 1999, 170) zu tun, sondern dient alleine einer stochastischen Bestätigung oder Widerlegung von Hypothesen durch erst noch zu findende Fakten (Hoffmann: 191). Nicht die schulbuchmäßige Definition, was wir aus einer Reihe von Daten als deren allgemeine Struktur erkennen können, ist als induktives Verfahren zu bezeichnen, „sondern alleine die quantitative Bestimmung dessen, was uns die Abduktion zuvor gegeben hat“ (ebd.: 191). Noch präziser fasst es der späte Peirce in der Feststellung: „Abduction seeks for a theory, induction seeks for facts“ (nach Wirth 1999: 170).

Der Rückkehr zum Eqilibrium, zum *thought at rest*, ist gelungen, wenn eine zunächst gewagte These zu einem generellen und stabilen Verarbeitungsschema[34] geworden ist: „the action of thought is excited by the irritation of doubt; and ceases when believe is attained“ (Peirce nach ebd.: 135).

Das Ende des Dreischritts von Abduktion, Deduktion und Induktion führt nicht zu ‚Dingen‘ zurück, die wir dann etwa wüssten, sondern zu neuen Modellen – vorübergehend stabilen Hypothesen (vgl. Hoffmann: 33); nicht um ein verändertes Verständnis der Dinge selbst geht es im Schlussprozess, sondern um ihre Relationierung, ihren Zusammenhang, das „‚rearrangement‘ of the observed facts“ (Almeida: 16).

2.1.2. Der Witz im *Entdeckungskontext*

„Deduktion beweist, dass etwas sein muss. Induktion zeigt, dass etwas tatsächlich wirkt, Abduktion legt nur nahe (merely suggests), dass etwas sein kann“ (Wirth 1999: 168). Die Suche nach der besten Erklärung für ein Problem macht bereits in der Formulierung deutlich, dass es stets mehrere, einander widersprechende Erklärungen geben *könnte*, welche zum Zeitpunkt ihrer Erwägung nicht logisch gegeneinander ausgespielt werden können. Mit der Feststellung, dass deduktive und induktive Verfahren erst im ‚Rechtfertigungskontext‘ (*context of justification*) wissenschaftlich das verifizieren (oder falsifizieren) können, was ihnen die Hypothesenbildung aus dem ‚Entdeckungskontext‘ (*context of discovery*) zur Prüfung darbietet, ist ein zentrales Problem der Wissenschaftsgeschichte berührt.[35] Um eine Erklärung für die Frage, wie neues Wissen überhaupt möglich ist (wenn es nicht *apriorisch* zur Verfügung steht und auch nicht rein induktivistisch ermittelt werden kann),[36] hat sich eine bei-

[34] Anklänge an den Kant'schen *Schema*-Begriff sind nicht ganz willkürlich gewählt. Für Mark Ashraf Halawa stellt Peirces Begriff der *habits* ein funktionales Äquivalent zu Kants *Schema* dar (vgl. 118). Bauer/Ernst verstehen hingegen gerade in der Abwendung Peirces vom Kant'schen *Schema*-Begriff die zentrale Zäsur zwischen beiden (vgl. 50: ff.). Eine Vertiefung dieser Frage kann hier nicht geleistet werden.

[35] Die Unterscheidung geht auf Hans Reichenbach zurück und wurde dann von Karl Popper und Thomas S. Kuhn aufgegriffen (vgl. Hoffmann: 1).

[36] Beide Positionen führen zu unauflösbaren Aporien (vgl. Hoffmann: 72 ff).

nahe unüberschaubare Zahl spekulativer Diskurse gedrängt. Auch nach Karl Popper und Thomas S. Kuhn entstehen alle wissenschaftlichen Thesen konjektural und instinktiv, die Ursachen sind logisch nicht zugänglich und nur psychologisch motiviert (vgl. Wirth 2008: 270; Hoffmann: 2). Der Bereich der Logik wird erst im ‚Rechtfertigungskontext' überhaupt zugänglich gemacht. Peirces Angebot, hier die Abduktion zu verorten, verlagert das Problem lediglich. Da hier noch keine logischen Standards greifen, gibt es auch keinerlei Beschränkungen darüber, Hypothesen welcher Art die Abduktion gewissermaßen ‚anprobiert'. „Selbstkontrolle jeder Art ist nur hemmend. Sie schafft nichts" (Peirce nach Hoffmann: 198). Sind diese ‚intuitiven Ahnungen' in Poppers wissenschaftstheoretischer Methode des *trial and error* noch recht nüchtern als „angeborener Instinkt" bezeichnet (Wirth 1999: 133), umspannten Peirces Einschätzungen der Hypothesen-Bildung vage bis kryptische Bereiche: als „instinktive Assoziation", als ein „Spürsinn fürs Relevante" (nach Wirth 2001b: 55) wird die Abduktion bezeichnet, als divinatorischer „Akt der Einsicht", der „blitzartig" kommt und „die neue Vermutung in unserer Kontemplation aufleuchten" lässt (nach Wirth 1997: 383). Oder schlechterdings als „after all, nothing but guessing" (nach Wirth 1999: 31), kulminierend in der ernüchternden Feststellung Wirths: Dass „abduktives Schlussfolgern überhaupt gelingen kann, ist Peirce zufolge das größte Wunder des Universums" (ebd.: 132). Das *musement*, das grüblerische Nachsinnen über ein Problem, kann in seiner Motivation freilich ganz verschieden bedingt sein: Neben der ernsthaften Spekulation über die Ursachen eines Phänomens dient das konjekturale Zusammenwerfen von Gedanken auch der ästhetischen Kontemplation oder dem zweckfreien ‚reinen Spiel', etwa beim Schach oder beim Kreuzworträtsel. Wie Peirce aber mit Rückgriff auf Edgar Allen Poes Detektivgeschichten zeigt,[37] ist auch in kriminalistischen oder wissenschaftlichen Studien bis zu einem gewissen Grad ein ‚freies Spiel' der Assoziationen involviert. Bis überhaupt ein Ansatzpunkt, ein ‚relevanter Aspekt' gefunden ist, unter der die „verdächtige Inkohärenz" (Wirth 1997: 49) erklärbar werden könnte, ist nichts von der Reichweite der Mutmaßungen ausgeschlossen. Die Ab-

[37] Etwa an *The Murder in the Rue Morgue* (vgl. Wirth 1997: 57).

duktion transformiert Assoziationen gewissermaßen in Mutmaßungen und provisorische Urteile, gibt dem zügellosen Spiel der Einbildungskraft eine argumentative Form (Wirth 1999: 200).

Unter der unbegrenzten Zahl möglicher Erklärungen für ein Phänomen die wenigen relevanten zu erahnen: Immanuel Kant schreibt diese Fähigkeit dem *Witz* zu, den Wirth daher nahtlos mit Peirces Überlegungen zu verbinden versteht. Dies ist zumindest begründungspflichtig: Peirce selbst verwendet den Ausdruck nicht, dennoch soll er hier (wie bei Wirth) als zentraler Begriff zum Verständnis der Abduktion fungieren. Ein kurzer begriffsgeschichtlicher Exkurs ist daher unvermeidlich, allerdings nur soweit, als es eine Anbindung an die Peirce'sche *economy of research* erfordert.

Die ‚witzige Einsicht', das *ingenium*, stellt nach Kant Verbindungen zwischen Dingen her, die für gewöhnlich nicht zusammen gehören.[38] Der Begriff des Witzes fällt seit jeher schon auseinander, nicht nur in ein Vermögen, eine Technik, einerseits; und das durch ihre Anwendung Gelungene andererseits (Witz als humoristisches oder komisches Produkt). „Eine Geschichte des Phänomens ingenium/wit lässt sich nicht als eine der, sei es begriffs- oder theoriegeschichtlichen Kontinuitäten schreiben", führt Ekkehard Knörer in seiner Studie über das nämliche Phänomen aus, „Begriffe und Bezüge überkreuzen und verfehlen sich, es ist ein Feld der Übergänge und Klüfte der Wörter, der unterschiedlichen Anschlüsse und Anschlussprobleme, der differenten Kontexturen, Sprachen, Rezeptionen und Episteme" (Knörer: 14). Der Witz war in rhetorischen, poetologischen und philosophischen Fragen gleichsam virulent, wurde im 17. Jahrhundert als „zentrale Kraft des Menschen entdeckt" (ebd.: 16) und den verschiedensten, teils einander ausschließenden

[38] Die Gleichsetzung des Aristotelischen *ingeniums* aus der Metaphernlehre mit dem englischen Wort *wit* bzw. dem deutschen ‚Witz' ist nicht selbstverständlich (auch wenn etwa C.S. Lewis dies als „allgemein anerkannte Übersetzung" bezeichnet). Ekkehard Knörer zeichnet aber nach, wie das Aristotelische *ingenium* ab dem 17. Jahrhundert zumindest systematisch als ‚Vorläufer' des Witzes angesehen wurde, z.B. schon bei Baltasar Gracian und Emanuele Tesauro (vgl. 25 ff.).

Schulen zugeschlagen,[39] die noch dazu ihre jeweils eigenen Nationalgeschichten aufweisen.[40] Knörer stimmt C.S. Lewis zu, dass ‚*ingenium*/Witz' insgesamt als „ein Schlüsselkomplex der abendländischen Kulturgeschichte" (ebd.: 15) angesehen werden kann. Da sich diese Arbeit allerdings auf Peirce'sche Begrifflichkeiten fokussiert, genügt es, jenes Verständnis des ‚witzigen *ingeniums*' im Auge zu behalten, welches für Knörer auch alle heterogenen Konzeptionen zusammenhält: ein „Auge fürs Ähnliche, über das bloß Naheliegende hinaus, als Kraft einer nicht verfahrens- aber regellosen Originalität" (ebd.: 22). Was darunter praktisch zu verstehen ist, demonstriert bereits Aristoteles, der diese Fähigkeit (im Kontext seiner Rhetorik) als ‚natürliche Begabung' zur geistreichen Metaphernbildung verrechnet. Den Mensch als Wolf zu bezeichnen, setzt ein ‚gewitztes' Erkennen von Eigenschaften voraus, die beiden Bereichen – Mensch wie Wolf – zugeschlagen werden sollen. In dieser Doppelbedeutung als gewitzt und lustig entdeckt der Witz, den eine Person besitzen kann, solche neuen Verbindungen zwischen Gegenständen: Der Witz ist ein Verähnlichungsvermögen. Er „paart (assimiliert) heterogene Vorstellungen, die oft nach dem Gesetze der Einbildungskraft (der Assoziation) weit auseinander liegen" (Kant nach Wirth 1999: 43).[41] Knörer weist dies als Angelpunkt aller Vorstellungen des ‚witzigen *ingeniums*' aus: eine grundlegende „Relationierung der Dinge" (22).

Das abduktive Verfahren zur (Re-)Konstruktion von Sinnzusammenhängen, das der Witz auslöst, ist in Alltagserfahrungen nicht weniger relevant als im

[39] In Baumgartens Ästhetik wird der Witz als Produzent ‚schöner Erkenntnis' etwa mannigfachen Regeln des Geschmacks unterworfen, im Gegensatz zum früheren Konzeptismus, wo ihn gerade Überschuss und freie Innovation auszeichneten (vgl. ebd.: 21).

[40] Die Bedeutung des ‚Konzepts', welchen der Witz vor allem im spanischen und italienischen Konzeptismus annimmt, spielte im deutschen Sprachraum zum Beispiel überhaupt keine Rolle (vgl. ebd.: 13 f.).

[41] Um die ‚Ähnlichkeiten', die im kleinsten gemeinsamen Nenner der Begriffsgeschichte des Witzes hergestellt oder aufgefunden werden, kompatibel mit Peirce zu machen, wird es später nötig sein, sein Konzept der *Ikonizität* genauer zu untersuchen. Für den Moment genügt es festzustellen, dass im Herzen der abduktiven Hypothesenbildung ein *assoziativer* Prozess liegt, welcher ungleiche Dinge überhaupt zueinander in (irgendeinen) Bezug zu setzen vermag.

Prozess des wissenschaftlichen Forschens. Kausale Rückschlüsse auf Tatsachen, die sich nicht direkt beobachten oder wahrnehmen lassen, sind jedes Mal notwendig, wenn ein Wahrnehmungseindruck aus dem Spektrum der Gewohnheit oder der Erwartung heraus fällt. Unter den zahlreichen Differenzierungen, die man an diesen sehr unterschiedlichen Abduktions-Prozessen vornehmen könnte, soll an dieser Stelle nur der Unterschied zwischen *kreativer* und *rekonstruktiver* Abduktion angesprochen werden. Während rekonstruktives Abduzieren versucht, ein Problem nachzuvollziehen, erfüllt kreatives Hypothesenbilden eine innovative Funktion, die ‚revolutionäre Erkenntnissprünge' auslösen kann (ein viel zitiertes Beispiel wäre die Kopernikanische Wende oder Keplers Theorie der Planetenumlaufbahnen, vgl. Gormans: 59f.).[42] Der Unterschied, einerseits einen geistreichen (neuen) Zusammenhang aufzustellen oder ihn andererseits verstehend nachzuvollziehen, lässt sich mit Wirth durch die Figuration von Spion und Detektiv metaphorisch nachvollziehen: Erster findet (kreativ) unbeschrittene und zunächst unerlaubte Pfade der Verähnlichung, letzterer spürt diesen (rekonstruktiv) nach und legt ihre Entstehensbedingungen offen (vgl. Wirth 1997: 58f.). In 2.2.1 wird sich dies auf den beiden Seiten des Humors abbilden lassen. Zuvor allerdings soll gefragt werden, was eine plausible von einer implausiblen Abduktionsbewegung unterscheidet, wenn dies nicht logische Standards sind.

2.1.3. Ökonomieprinzip: Plausibilität, Überprüfbarkeit und Relevanz

Der Erfolg einer abduktiv aufgestellten Hypothese ist zwar nicht vorher bestimmbar und nur in begrenztem Maße vorhersehbar – insofern ist die Ab-

[42] Ob sich die beiden Formen tatsächlich kategorial trennen lassen, darf bezweifelt werden: Auch ein völlig freies Gedankenspiel, das einen neuen Zusammenhang erschließt, muss an einer Inkongruenz angesetzt worden sein – Kepler und Kopernikus suchten immerhin nach einer Lösung für bestimmte Darstellungsprobleme der bekannten Systeme. In Alltags-Situationen, und besonders in kommunikativer Praxis, erfüllt die Unterscheidung kreativ/rekonstruktiv aber einen heuristischen Zweck. Peirce selbst bleibt in dieser Frage unentschlossen: Mal wird die Abduktion als *conjecture* bezeichnet, die sich als gedanklicher Kurzschluss vollzieht, mal als rekonstruktiver Rückschluss von bekannten Konsequenzen auf ein unbekanntes *antecedens*.

duktion nie logisch zu rechtfertigen. Wenn es dennoch für die Annahme einer Hypothese „gute Gründe“ gibt, lässt sich ihre Plausibilität zumindest pragmatisch rechtfertigen (vgl. Wirth 1999: 128). Würde das Raten nach bloßem Zufall verlaufen, könnte man nicht erklären, wie Wissenschaftler aus Abermillionen von Hypothesen, die theoretisch anstellbar wären, nach nur ein paar dutzend Versuchen oft die richtigen ausfiltern können – und wie wir im Alltag erfolgreich mit Überraschungen umgehen (vgl. ebd.: 135). Auch wenn eine Hypothese zunächst weder falsch noch wahr sein kann (und somit keinen Beschränkungen unterworfen ist), gibt es *pragmatische Leitprinzipien*, die gute von schlechten Thesen unterscheiden. Wenn es hier eine ‚wissenschaftliche Methode‘ gibt, dann ist es ein Auswahlkriterium, das den Forschungsaufwand in Relation zum erwarteten Ergebnis bringt:

> Das Geschick des klugen Fragenstellens basiert darauf, daß bei jeder Frage immer nur ein kleiner propositionaler Bestandteil der Hypothese riskiert wird, damit man bei einem „Nein“ nicht die ganze Hypothe korrigieren muß, sondern das „Nein“ als Informationsquelle nutzen kann, wie sich die Hypothese so modifiziert läßt, daß die nächste Frage mit „Ja“ beantwortet werden wird. Es geht also darum, beim Prozeß des Hypothesenaufstellens die Verlustchancen zu minimieren (Wirth 2001b: 49).

Die so verstandene ‚wissenschaftliche Methode‘ ist eher eine ‚Klugheitsstrategie‘. Aus der Einsicht in die grundsätzliche Fallibilität unserer Hypothesen erwächst ihre effiziente Überprüfbarkeit. ‚Klugerweise‘ sollten wir uns zuerst jenen assoziativen Funden zuwenden, die sich am einfachsten falsifizieren lassen und uns dennoch ‚instinktiv plausibel‘ erscheinen. Das Ökonomieprinzip gewährleistet die Möglichkeit, aussichtsreiche Hypothesen mit minimalem Aufwand und mit maximalem Effekt zu testen und so das Wechselspiel zwischen den Leitprinzipien der Abduktion zu regulieren: Relevanz, Kohärenz und Einfachheit (vgl. Wirth 1997: 55).

Das Ökonomieprinzip lässt sich auf verschiedenen Ebenen genauer differenzieren. In der empirischen Forschung wäre eine These, die sich nicht – oder nur mit erheblichem Aufwand – verifizieren ließe, keine sehr ‚kluge‘ Hypothese. Die Unterwerfung unter kritische Standards der Prüfung ist eine Grundbedingung der Erkenntnisentwicklung. Das Abduzieren ist damit eine gedankliche Bewegung, die zwischen zwei Polen oszilliert: der völligen „Freiheit des Geistes, der Abwesenheit allen Zwangs und der freien Assoziation" (ebd.: 58) einerseits. Andererseits muss diese Freiheit durch die Rück-Unterwerfung unter „die Zwänge der Logik sowie dem Bestreben, Selbstkontrolle zu erlangen" (ebd.) wieder eingeschränkt werden.

Während sich forschungsökonomische Fehleinschätzungen methodisch vermeiden lassen, „gründet die abduktive Instinktlosigkeit beim Raten in mangelnder Einsicht in die natürlichen und kulturellen lebensweltlichen Kontexte" (Wirth 1999: 132). Es handelt sich um ein kritisches Bewusstsein des Kontextes, vor dem ‚kluge' und ‚dumme' Hypothesen unterschieden werden können. Damit wir erfolgreich raten können, muss unser Raten in den Horizont unserer Erfahrungen eingebunden sein. „Es handelt sich dann nicht mehr um reine ‚guesses', sondern um Mutmaßungen" (ebd.: 141). Was Peirce hier meint, ist eine ‚Plausbilität' der Hypothesen, die unsere ‚instinktive Einsicht' dazu drängt, sie als vorteilhaft zu erachten (vgl. ebd.: 127). Neben der bereits besprochenen Einsichtigkeit und Prüfbarkeit schließt dies auch Kohärenz bzw. Konsistenz der Hypothese mit bereits akzeptierten Annahmen, sowie ihre Relevanz und Wahrscheinlichkeit im aktuellen Interpretations-Kontext mit ein. Erst wenn diese drei Bedingungen erfüllt sind, dann besteht Grund zur Annahme, dass die Erklärung wahr sein könnte – und sich ihre tatsächliche Verfolgung lohnt (ebd.: 128).

Was in einer gegeben Situation relevant sein könnte, unterscheidet sich von Beobachter zu Beobachter und anhand der Zielsetzungsmaximen. Definitive Urteile sind ausgeschlossen. Dennoch bildet der kulturelle und situative Kontext stets einen Horizont, gegen den jede Überlegung abgestimmt werden muss. Relevanz ist also immer abhängig vom *common sense*: Entfernt man sich zu weit davon, erhöht man den Einsatz. Der zu erwartende Erkenntnisgewinn muss sich ökonomisch rechtfertigen lassen, sonst ist die gewagte These kontextuell ‚dumm'. Die abduktive Kompetenz, richtig zu raten, beruht somit auf einem Sinn für Kontextaffinität, der auch soziale Kontexte mit einbezieht.

'Dummheit' lässt sich somit als eine Inkompetenz in Anschlag bringen, zwischen der Effektivität eines Hypothesenprozesses einerseits und ihrer natürlichen (d.h. kontextrelevanten) Plausibilität andererseits zu vermitteln (vgl. ebd.: 145).

2.2. 'Dummheit', Humor und Witz

Damit wird die doppelte Rolle, die dem Witz beim abduktiven Rate-Prozess zukommt, deutlicher: zum einen im 'geistreichen' Herstellen von (neuen) Bezügen. Zum anderen aber muss der Witz mit Urteilskraft[43] verbunden werden, um seine Entdeckungen in den Kontext real-pragmatischer Zusammenhänge zu stellen. Das aber bedeutet, die Bedeutung einer Hypothese unter zahlreichen soziokulturellen Aspekten zu beleuchten und damit: weitere (Meta-) Verbindungen der Gedanken zum (potentiell unlimitierten) Feld der Kontexte zu entdecken. Ein Gespür fürs Relevante ist also ebenfalls von 'gewitzten' Einsichten abhängig. Sie stellen Bezüge her und können Einfälle innerhalb ihres Kontextes verorten.

Der Witz, verstanden in dieser Doppelfunktion, ist somit einmal der innere Mechanismus der kreativen Assoziation (das freie Spiel), andererseits das Scharnier zwischen assoziativer Flexibilität und lebensweltlicher Nüchternheit (die pragmatische Erdung).

> Doch was geschieht, wenn die Logik der Interpretation scheitert? Was, wenn der Interpret den hypothetischen Charakter seiner „Guesses and Conjectures" verkennt und ihnen den Status der Unfehlbarkeit verleiht? Was wenn der Interpret auf offensichtlichste Weise falsch rät, weil er irrelevante oder absurd unplausible Hypothesen auswählt oder bildet? Dann wird die Interpretation selbst komisch, indem sie eine überraschende „abduktive Inkompetenz" offenbart (Wirth 1997: 52).

[43] Gemeint ist hier nicht der Kant'sche *terminus technicus*, sondern ein gänzlich heuristisches Verständnis: eine Fähigkeit zum kritischen Abschätzen.

2.2.1. (Ungewollte) Komik und (inszenierter) Humor als ‚Kippfiguren'

Das entscheidende Verbindungsglied zwischen der ‚Logik komischer Dummheit' und der ‚Logik der Abduktion' rückt damit als Ökonomieprinzip[44] ins Blickfeld. Um die Anschlussstelle an die Logik der Abduktion finden zu können, um Peirces *economy of research* also mit einer solchen ‚Aufwandsdifferenz' verbinden zu können, muss man das Komische als verstehenden Nachvollzug der Differenz zwischen dem Ideal einer angemessenen *economy of research* und dem realen Aufwand beim abduktiven Aufstellen von Hypothesen begreifen. Das wiederum setzt zweierlei voraus: Jedes Handeln in einer Abhängigkeit zu Verstehensprozessen[45] zu sehen, welche wiederum in einer Abhängigkeit von zuvor aufgestellten (abduktiven) Übergangshypothesen stehen. „Komik und Dummheit werden dann bestimmbar als Abweichung von jenen Normen und Kriterien, die das effektive Aufstellen plausibler Hypothesen gewährleisten sollen" (Wirth 1999: 100). Was diesem Gedanken einerseits eine ambige Undeutlichkeit verleiht, hilft andererseits die Rolle der hypothesenbildenden Abduktion im Verstehen und Handeln zu präzisieren: die polyseme Vielschichtigkeit des ‚Regel'- oder ‚Norm'-Begriffes. Dieses „Netzwerk von Prinzipien, Normen und Anweisungen mit unterschiedlichem logischen und ontologischem Status" (Wirth 1997: 53) lässt sich methodisch aufgrund seiner Vielschichtigkeit nur schwer bestimmen. Gerade dies macht sich der Witz zu Nutze, was auch die große Herausforderung an die Pragmatik von Interpretation und Abduktion darstellt. Die anerkannten und allgemein vorausgesetzten Regeln und Rationalitäts-Standards, die durch ‚dummes' und damit komisches Handeln verletzt werden, dürfen nämlich nur implizit gebrochen werden. Der komische Diskurs kann nur deshalb als solcher erkannt werden, weil die Regeln, wenn auch nur unbewusst, akzeptiert und verinnerlicht sind. Wiederum

[44] Obgleich der Begriff von Sigmund Freud geprägt wurde, verwendet Wirth ihn dezidiert nicht im Sinne von dessen Ersparnistendenz, welche einerseits zunächst den Aspekt des Handelns (nicht des Schlussfolgerns) umfasst, andererseits auf *unterbewussten* oder *unbewussten* Triebkräften beruht (Wirth 1999: 99).

[45] Im Sinne von Peirces pragmatischer Maxime, die Verstehen als Wissen um mögliche oder denkbare Konsequenzen definiert (vgl. Hoffmann: 132).

können die (erheblichen) Unterschiede zwischen explizit-vertraglichen Gelingensbedingungen, quasi-vertraglichen Konversationsmaximen, und historischen Kontextualismus an dieser Stelle ausgeklammert bleiben, da ein „Erwartungshorizont des Verstehens" (Wirth 1999: 27f.) alle Regulations-Prinzipien umspannt:

> Sowohl traditions- und autoritätsverhaftetes als auch prozedural-konventionelles und strategisch-ökonomisches Verhalten haben ihren Ort und ihre Zeit. In diesem Sinne verweist die Frage nach den Normen angemessenen Verstehens auf die Dimension des Vorverständnisses und ist nicht auf konventionale Normerfüllung zurückzuführen. Vielmehr geht es um das „richtige Umschalten" zwischen Regelkomplexen, Rollen, Interpretationsperspektiven, semantischen Paradigmen und situativen Kontexten (ebd.: 28).

Die Diffusität der Regelkomplexe definiert gerade die hermeneutischen Anforderungen an einen Interpreten, dem sich die jeweilige Akzentsetzung selbst erschließen muss. Würde die Verletzung explizit gemacht, wäre das ‚dumme' Verhalten somit nicht komisch. In einer formalen Theorie der Pointe bildet sich dies in der Bedingung der *Konzision* ab: einer Aussparung, die die Beteiligung des Interpreten erfordert. Je kleiner der zu schließende Zusammenhang, desto geringer die Pointe (vgl. Müller: 111). Eine explizit gemachte Regelverletzung entspricht damit einem erklärten Witz, der aufgrund mangelnder Konzision keine Pointiertheit aufweist (vgl. Wirth 1999: 25f.). Durch die Pluralität einander überlagernder Normen, die in jeder Situation anders gewichtet sein können, gibt es

> [...] im strengen Sinne keine Regeln, die konstitutiv für alle Prozesse des Verstehens sind – außer der allen Kommunikationspartnern gemeinsamen Kompetenz, im jeweiligen Verstehenskontext eine plausible Übergangstheorie hinsichtlich des Gesagten und Gemeinten aufzustellen (ebd.: 28).

Ausgehend von der Überlegung, dass Komik aus dem verstehenden Nachvollzug einer ‚dummen' Anwendung von Abduktion erfolgt, kann der erzählte Witz als komische Inszenierung genuiner ‚Dummheit' verstanden werden, welcher unökonomische Aufwands-Differenzen zitathaft ausstellt.

Wer über ‚Dummes', Unangebrachtes lacht, der versteht damit etwas, das dem ‚Dummen' entgangen ist: Lachen ist bereits ein „Urteil über die mangelnde

Urteilskraft" (ebd.: 44). Wer das *inaptum* im Witz inszeniert nachstellt, beweist damit seine Kompetenz, die ihn mit dem verstehenden Interpreten verbindet. „Das Lachen über Komik und Dummheit am anderen gleicht, wie Bergson betont, dem Erkennungszeichen der ‚Wissenden' in einem Geheimbund" (ebd.: 86). Die inszenierte ‚Dummheit' dient somit der Darstellung von etwas anderem ‚Dummen' oder Unsinnigen. Die eigentliche Unerlaubtheit oder Nichtigkeit des Dargestellten muss einleuchten, so dass eine wissende Distanzierung vorgenommen werden kann. Die witzige Erzählung zeichnet sich also primär durch eine inszenierte Inkonsistenz aus, die in der Fassade *scheinbarer* Schlüssigkeit den ‚dummen' Denkfehler umhüllt, der vorgeführt wird. Humor erscheint damit als Fähigkeit, Komik zu verstehen und mit Hilfe von Witz (dem Finden von weit hergeholten Ähnlichkeiten) Witze zu ersinnen, die das Ökonomieprinzip missachten – und somit kreativ ausbeuten.

‚Dumme' Hypothesen entspringen damit, zusammenfassend, vier Faktoren, von denen die ersten beiden auf die letzten beiden zurückzuführen sind: ‚Dumm' ist es erstens, wenn ein Mangel an Fehlbarkeitsbewusstsein und Korrigierbarkeit an den Tag gelegt wird; zweitens, wenn nicht genug pragmatische Kontextsensibilität aufgewandt wird, die Angemessenheit und Relevanz der angestellten Überlegungen in größeren Zusammenhängen zu sehen. Drittens, wenn also durch unangemessene und fehlerhafte Anwendung der ökonomischen Leitprinzipien unnötig viel Aufwand erzeugt wurde; aber auch, wenn (viertens) zu wenig Aufwand betrieben wurde, als es die Zusammenhänge der Situation eigentlich erfordern.[46] Die Inversion der in 2.1.4 angesprochenen Maximen ‚klugen' Schlussfolgerns lassen sich somit an einem Zuviel oder Zuwenig der ökonomischen Leitprinzipien der Abduktion festmachen, welche sich wiederum als mangelndes (oder übertriebenes) Fehlbarkeitsbewusstsein sowie Zuwenig (oder Zuviel) Kontextualisierung niederschlagen. Der proze-

[46] Dies ließe sich vor dem Zusammenhang von Einsatz und zu erhoffendem Gewinn natürlich auch umgekehrt formulieren: ‚Dumm' handelt, wer zu viel riskiert (in einer Hypothese zu viele Vorüberzeugungen eklatant leichtfertig über Bord zu werfen bereit ist) oder zu wenig (nur triviale oder irrelevante Hypothesen aufstellt, deren Verifikation keinerlei Wert hätte) (vgl. Wirth, 1999: 41).

durale Aspekt betrifft einen Mangel an forschungs-ökonomischer ‚Klugheit', der inhaltliche Aspekt einen Mangel an Instinktsicherheit.

Obgleich hier stets von Hypothesenbildung die Rede ist, also einem kognitiven Prozess, haben wir es in Witzen zumeist mit ‚dummen' sozialen Interaktionen oder Handlungen zu tun.[47] Nun ist es weder das Ziel dieser Arbeit, Wirths Thesen in alle Richtungen zu verfolgen, noch eine Theorie des Witzes *an sich* zu formulieren. Insofern liegt es – für eine Erschließung des komischen Diagramms – zunächst gänzlich außerhalb des hier verfolgten Erkenntnisinteresses, (im ganz wörtlichen Sinn) *narrative* Witze zu erschließen und Wirths Theorie anhand dieser plausibel zu machen. Dennoch wird es hilfreich und notwendig sein, anhand eines Beispiels vorzuführen, welche Rolle die Hypothesenbildung beim Verständnis von Phänomenen des Humors einnimmt. Es gilt damit eine Brücke zu schlagen, die die Kluft zwischen der initialen Verähnlichung (der im Witz inkongruent gegenübergestellten Gegenstände) einerseits und der rekonstruktiven Seite der Hypothesenbildung andererseits überwindet. Wenn stark gemacht werden soll, dass der kreativen Abduktion im Witz ein ‚Auffinden von Ähnlichkeiten' (die allerdings pragmatische Standards verletzen) ebenso zugrunde liegt wie dem Verständnis desselben, so muss dies auch anhand von Exempeln nachweisbar sein, in denen ‚Ähnlichkeit' – und deren Relevanz-Prüfung – zunächst kaum eine Rolle zu spielen scheint. Naheliegender Weise soll dies an einem (narrativen) Strip von *XKCD* plausibel gemacht werden, anstatt auf gänzlich korpusfremde (literarische) Beispiele zurück zu greifen, wie sie Wirth zahlreich verwendet. Dass sich mit den bislang eingeführten Überlegungen *auch* die Komik eines Gegenstands erfassen lässt, der Wirths Exempels eher fern liegt (eines Web-Comics), kann umgekehrt die weite Anwendbarkeit der Thesen nachvollziehbar machen – aber auch die Herausforderung durch eine diagrammatische Darstellung deutlich konturieren.

[47] Wirth weitet darum seine hier gezeigten Grundüberlegungen deutlich aus, und arbeitet die jeweiligen Rollen von Abduktion und Regelbruch in Bereichen der Hermeneutik und der Konversationspraxis, der Performativität oder des Spiels heraus.

2.2.2. Die komische Inkongruenz und deren witzige Überwindung

Abbildung 2: *Book Burning.*
Mouseover-Text: „Of course, since their cautionary tale was reported in a print newspaper, no one read it".

Strip 750, *Book Burning*, zeigt drei mutmaßliche religiöse Fundamentalisten. Da sie gemeinsam beschließen, ein häretisches Buch zu verbrennen, aber nur ein Exemplar davon besitzen, müssen weitere Ausgaben erworben werden. Ein schneller *Online-Check* bietet unterschiedliche Versionen an, von denen eine deutlich günstiger ist. Das letzte Panel enthüllt, dass die Protagonisten an einer Rauchvergiftung gestorben sind, da die Verbrennung der günstigeren *E-Book*-Variante nicht sehr glücklich verlief.

Worin besteht hier die Missachtung des Ökonomieprinzips, wenn man den Strip zunächst entgegen seiner eigentlichen Funktion (als Witz) versteht, als Bericht genuiner ‚Dummheit'? Die Erzählung überlagert zwei verschiedene ‚soziale Skripts'[48]: das des fundamentalistischen Buch-Verbrenners mit dem des durchschnittlichen *Amazon*-Nutzers, welcher Kosten sparen will. Aus einer intra-diegetischen Perspektive heraus wären zahlreiche Szenarios ersinnbar, warum die *dramatis personae* zur ‚falschen' Version gegriffen haben könn-

[48] Der Begriff geht auf Raskins skript-semantische Theorie des Humors (SSTH) zurück, die das Komische in Überlagerung heterogener sozialer Bezugsrahmen sieht, die in überraschender – da unpassender – Weise gewechselt werden. Dazu muss eine semantische Überschneidung in einem Bereich vorliegen, der als *Script Switch Trigger* fungiert. Auf eine genauere Explikation kann verzichtet werden, da dies im weiteren Untersuchungsbereich des Diagramms keine Rolle spielen wird. Zum Verständnis mag es genügen zu erwähnen, dass mit den beiden Handlungs-Kontexten (der *Amazon*-Kunden und der Buchverbrenner) jeweils bestimmte Erwartungen und Assoziationen verknüpft sind, was ihre Handlungsmöglichkeiten anbelangt (vgl. Raskin: 81 f.; zur Kritik dessen auch: Müller: 116 oder Wirth 1999: 276 f.).

ten: Möglicherweise sind sie als globalisierte und technik-affine Fundamentalisten so an *E-Books* gewöhnt, dass sie ‚wie automatisch' auch in diesem speziellen Verwendungsfall zur *Kindle Version* greifen. Möglicherweise ist auch das genaue Gegenteil der Fall, sie sind mit den Spezifika des modernen Online-Einkaufs gar nicht vertraut und wählen intuitiv die günstigere Version, da sie eh nur für das Feuer bestimmt ist. Im ersten Fall handelte es sich bei ihrem Fehler um eine Überhabitualisierung, im zweiten um Unkenntnisse (wenn hier die ‚unbekannte Vokabel' nicht recherchiert wurde, ersparte man sich den Aufwand der notwendigen Problematisierung, was hinter dem Begriff *Kindle* stecken könnte, um angemessene Konsequenzen ziehen zu können. Die Ersparnis übertölpelt sich damit selbst, weil die Handlung damit jeglichen Sinn verliert). Im ersten Fall hingegen, dem Automatismus, lag offenbar gar kein ‚unerwartetes Problem' vor, kein Moment der Irritation, so dass keinerlei Anlass zum Thesenbildung („Ist ein E-Book für meine Zwecke geeignet?") gesehen wurde. Hier ist die Ökonomie-Ersparnis bereits soweit verinnerlicht, dass die ‚Dummheit' den Prozess der Hypothesenbildung gar vollkommen blockiert: Der (durch vorherige Abduktionen gefestigte) Horizont der Erfahrung und Erwartung, vor dem ‚unerwartete Probleme' überhaupt als solche problematisiert werden können, ist selbst zu ‚dumm' präfiguriert, um pragmatisch angemessenes Handeln noch zu gewährleisten. Hier „impliziert der komische bzw. dumme Automatismus eine Abweichung vom verinnerlichten Ökonomieprinzip und vom Postulat der Kontextsensibilität" (vgl. Wirth 1999: 96).

Diese beiden Szenarios (und weitere denkbare) haben gemein, dass die Protagonisten nicht genug Gedanken darauf verwenden, ihre Handlung in den erweiterten Kontext ihrer Zielsetzung zu stellen. Die Absurdität der Situation wird natürlich dadurch auf die Spitze getrieben, dass bei realem Durchspielen des Szenarios spätestens bei ‚Lieferung' der elektronischen Daten (und deren Übertragung auf ein geeignetes digitales Lesegerät) in jedem Fall der ‚Fehlschluss' hätte evident werden müssen.

Soweit muss man gar nicht gehen. Die Regelverletzung liegt schließlich auf einer anderen Ebene, denn selbstverständlich handelt es sich nicht um eine ‚reale' Situation, von der etwa berichtet wird. Aus Sicht des Interpreten ist die dargestellte Situation natürlich zunächst völlig widersinnig. Vor dem Horizont unserer Alltagserfahrung gibt es zunächst keinen Grund, weswegen die drei Fundamentalisten an einer ‚Rauchvergiftung' gestorben sein sollen. Um diese Inkongruenz überwinden zu können, um den Strip also nicht als ‚bloßen Unsinn' abzutun, muss abduktiv nach einer erklärenden Hypothese gefahndet werden. Die Tatsache, dass im dritten Panel die *E-Book*-Version des Buches auftaucht, liefert einen Hinweis, der probeweise Hypothesen ermöglicht, wie sie eben angestellt wurden. Es handelt sich dabei nur um eine ‚Erklärung auf Bewährung', denn der Strip erhält dadurch immer noch keine Plausibilität: Schließlich bleibt die Frage, warum man man sich derart ‚dumm' verhalten sollte, wenn man seinen Fehler irgendwann doch bemerken müsste? Da es sich nicht um ‚reale' Ereignisse handelt, bietet sich eine ‚bessere', d.h. plausiblere Erklärung als die vorgeschlagenen Unsinns-Szenarios: In der klaren Rahmung des Strips (als Witz) genügt es bereits, die partielle Übereinstimmung der sozialen Situationen ‚Buchverbrennung' und ‚Online-Einkauf' zu erkennen, die im *tertium comparationis* des Bedürfnisses nach einem bestimmten literarischen Erzeugnis besteht. Diese Übereinstimmung, die unbestreitbar vorhanden ist, hat aber plausiblerweise keinerlei Bedeutung (ganz im Peirce'schen Sinne der pragmatischen Maxime), da sie keinerlei (oder doch kaum sinnvolle) Auswirkungen impliziert: die Situationen sind zu heterogen. Darum wird, wer auch immer im ‚freien Gedankenspiel' darauf stößt, sie für gewöhnlich verwerfen: Dass sich Bedürfnisse von Amazon-Kunden und fundamentalistischen Buchverbrennern in einem Punkt decken, ist vielleicht richtig, aber schlichtweg *irrelevant*: Es widerspricht jeder ökonomischen Maxime, diese ‚witzige Einsicht' zu äußern, da es einen interpretativen Mehraufwand erfordert, sie nachzuvollziehen, ohne irgendeinen Mehrwert davon zu erhalten: Wer es trotzdem tut, handelt irrational; was in diesem Strip evident wird, ist nicht so sehr, wie ‚kluges' und ‚dummes' Buchverbrennen vonstatten gehen mag, sondern welche gedanklichen Assoziationen Relevanz besitzen und welche nicht; der komische Effekt verdankt sich der Einsicht in den Mehraufwand, den nicht etwa die *dramatis personae*, sondern ein impliziter Autor des Strips unternimmt, um seine ‚witzige Einsicht' in die partielle Entsprechung disparater

Phänomene zu rechtfertigen: die Ersinnung des kompletten Szenarios, das doch nicht einmal unter erheblichen Zugeständnissen unwahrscheinlicher Annahmen plausibel gemacht werden kann, zeugt von eklatanter ‚Dummheit' – würde es sich nicht um einen Witz handeln, der gerade dies ausbeutet. Um das zu erfassen, muss allerdings die Einsicht in die Irrelevanz der Erkenntnis der partiellen Ähnlichkeit erst gefolgert werdem. Der eigentliche Witz besteht also nur scheinbar in der vorgeführten Aufwandsersparnis der Protagonisten, ausgelotet in einer ersten abduktiven Hypothese, welche sich aber bei weiterer Prüfung als nicht haltbar erweist. Stattdessen fußt die Pointe im Gegenteil im Aufdecken der eklatant hohen Aufwandsdifferenz, die ein impliziter Autor unternimmt, um etwas vollkommen Irrelevantes auszuführen. Die rekonstruktive Abduktionsleistung erschließt, weswegen ein solcher Fund des *ingeniums* zwar prinzipiell relevant sein *könnte*, es in situativer Erwägung aber keinesfalls ist: Er führt zu nichts. Außer zu einer sorgsam konstruierten Pointe, die gerade im verstehenden Nachvollzug des konstruierten Zusammenhangs – und dem Durchspielen denkbarer, unsinniger Szenarios – evident macht, was sich hier geradezu in Nichts auflösen muss. „Der spielerische Perspektivwechsel vom Wichtigen zum Nichtigen [führt] zu einer Verunsicherung der Regel des Verstehens" (Wirth 1999: 246), aber auch zu einem Verstehen der Regel.

Hieran lässt sich konstatieren, dass sich auch die Darstellung von Handlungen auf die Relevanz von abduktiv hergestellten Zusammenhängen zurückführen lässt. Jeder Situation, die im Witz konstruiert wird, geht eine situative Assoziation voraus. Das Äußern dieser Assoziation, dieser ‚aufgedeckten Ähnlichkeit', muss nach Prinzipien einer gegebenen Rationalität bewertet werden: Die meisten der so hergestellten Analogien sind in allen Handlungs- und Kommunikations-Kontexten schlichtweg irrelevant. Wer sie trotzdem artikuliert, spart sich so die Arbeit einer kritischen Relevanzprüfung und tut damit etwas im rationalen Diskurs Unerlaubtes. „Der Wunsch, dem Zwang zur logischen Konsistenz und zum Sinnvollen durch eine ‚inszenierte Dummheit' zu entfliehen, ist der Wunsch nach ‚Ersparnis an Hemmungsaufwand'", stellt Wirth mit Rückgriff auf Freud abschließend fest (ebd.: 92).

2.2.3. Schlussfolgerungen: Komische Aufwandsdifferenz

Es zeigt sich nun, wie eine Theorie der Pointe über das Scharnier der ‚komischen Inkongruenz' mit Peirces *economy of research* zusammengeführt werden kann. Die komische Inkongruenz wurde in der Humor- und Pointenforschung ebenso zum Ausgangspunkt (vgl. Müller: 105ff.), wie das ‚unerwartete Phänomen' in Peirces semiopragmatischer Erkenntnistheorie. Damit tritt die überraschende Inkohärenz in einer Doppelfunktion auf, welche rekonstruktiv aufeinander bezogen werden muss. Wenn das Komische als das Erkennen einer „eklatanten Unverhältnismäßigkeit" angesichts einer Widerspruchserfahrung (Wirth 1999: 11) gesehen wird, lässt sich die ‚komische Inkongruenz' genau positionieren: Sie liegt zunächst auf Seiten des Interpreten, der in einer wahrgenommenen Situation auf eine Konfiguration trifft, die seine Erwartung durchkreuzt und daher erklärungswürdig ist. Durch abduktive Überlegung muss ein „unvermuteter Zusammenhang" (Müller: 110) hergestellt werden, der das zuvor Widersprüchliche einholt. Im Falle des Witzes hat dieser einen speziellen Charakter: Wenn absichtlich irrelevante Zusammenhänge herbeigezogen oder bemüht werden (welche gerade *keinen* Erkenntnismehrwert besitzen) wird das Prinzip der kontextuellen Relevanz vernachlässigt, der Hypothesenbildungsprozess läuft ins Leere – oder zumindest fast.

> Dabei verdankt sich der ‚komische Effekt' nicht einfach dem ‚Wahrnehmen einer Regelverletzung', sondern ist Resultat des ‚Verstehenden Nachvollzugs' einer komischen Fremdartigkeit der Fehlerhaftigkeit des Sprechens, Handelns und Denkens (Wirth 1999: 22).

Was für den Interpreten zu Tage tritt, das ist keine Einsicht über die behandelten Gegenstände; verstanden werden muss aber gerade die Notwendigkeit der Irrelevanz, Implausibilität oder schlicht ‚Dummheit' der geschaffenen Relation, um in der Differenz dazu auch die ‚kluge' Alternative erfassen zu können:

> Interpretieren und Verstehen heißt, zu wissen, welche ‚komischen Fehler' und Unglücksfälle sich beim Prozess des Interpretierens ereignen können, um so die Fehlbarkeit der eigenen Interpretationshypothesen zu erkennen. Das Komische ist als ‚Abweichung von der Norm' der Prüfstein jeder Bedeutungs- und Interpretations-

theorie, eben ‚Grenzphänomen des Verstehens', und zwar in semantischer und pragmatischer Hinsicht (ebd.: 18)

Nun wird klar, worin der Zusammenhang der rekonstruktiven Arbeit am Witz einerseits mit einem vorgängigen, impliziten Abduktionsprozess andererseits besteht. Jeder ‚unerlaubte' Zusammenhang, der im Witz aufgedeckt wird, musste assoziativ hergestellt werden. Im Witz dient diese Herstellung dem strategischen Ziel der witzigen, geistreichen Schaffung eigentlich unerlaubter Verbindungen. Die Gründe dafür sind auf Seiten der Ökonomie-Ersparnis zu finden: Selbst die absurdeste Assoziation könnte zunächst ebenso korrekt sein wie jede andere: Wir wissen aber aus unserer kontextuellen Erfahrung, dass dem nicht so ist, dass eine exakte Widerlegung (etwa durch deduktiv-induktive Testverfahren) nicht lohnen würde, dass es sich um eine ‚dumme' Assoziation handelt – wäre sie in vollem Ernst angestellt worden. Das ist im Witz, der entsprechend gerahmt eindeutige Kontextsignale enthält, nicht der Fall: Es handelt sich nicht um ‚Dummheit' sondern um Humor.

Das kreative Abduzieren, dem im Forschungsprozess die Aufgabe zukommt, möglichst effiziente Hypothesen und Relationen zwischen Gegenständen zu bilden, wird im Witz umfunktionalisiert: Statt möglichst ökonomischen Thesen sucht die Abduktion hier nach unerlaubten, möglichst weit gefassten Verbindungen – solche, die zwar jeder ökonomischen Maxime zuwider laufen, aber dennoch (unter eklatanter Missachtung aller ‚Klugheitsstrategien') prinzipiell plausibel erscheinen *könnten*. Im Moment des witzigen *Switchens* fallen damit beide Seiten der Hypothesenbildung vor dem Maßstab der Aufwandsdifferenz zusammen: dem erlaubten, effizienten und ‚klugen' Herstellen von Verbindungen einerseits mit dem unerlaubten und daher in Rekonstruktion komischen Herstellen von ‚dummen' Verbindungen andererseits.

Obgleich sich diese Überlegungen problemlos auf verschiedene Medien (Literatur, Film, Comic) übertragen lassen, gestaltet sich ihre Applizierung gerade auf das Diagramm als schwierig. Dies ist zunächst überraschend: Wenn ein Diagramm eine „geometrisch-topologische Repräsentation von Beziehungen zwischen Sachverhalten" darstellt (Krämer 2006: 87), lässt sich darin, ganz wörtlich, die Formulierung einer Hypothese sehen. Sowohl in dem Sinne, dass hier stets eine implizite Aussage getroffen wird: „Every applied diagram is a proposition – the map of Portugal is a proposition claiming ‚Portugal has these geographical structures'" (Stjernfelt: 62). Bedeutsamer aber ist, dass diese Aussage sich nicht unmittelbar auf eine tatsächliche Realität bezieht, sondern stets eine hypothetische Vermutung über *Zusammenhänge* dieser Realität anstellt. Bauer und Ernst verstehen dies so, dass ein Diagramm niemals eine (wie auch immer verstandene) ‚Welt' repräsentiert, sondern eine Theorie über diese Welt[49]: „Das Diagramm-Ikon *entwirft in der Darstellung* eine Hypothese über den Gegenstand" (Bauer/Ernst: 44).

Dies wird auch am Ausgangs-Gegenstand, dem *XKCD*-Strip *America*, unmittelbar klar. Die These, würde man sie in eine sprachliche Aussage übersetzen wollen, bestünde in der Vermutung, dass ein spezieller Zusammenhang zwischen den verzeichneten Ereignissen bestünde. Worin dieser Zusammenhang besteht, warum andere, vielleicht relevantere Ereignisse – etwa der Unabhängigkeitskrieg – nicht mit einfließen, darin bleibt die Darstellung verschwiegen und unterbestimmt. Dennoch ist klar, worin hier für den Interpreten eine Aufwands-Differenz festzustellen ist: Einerseits macht die Darstellung es sich enorm einfach darin, kategorisch einige wenige Daten als relevant zu erklären, ohne Gründe dafür zu nennen oder eine Überprüfbarkeit anzubieten; jegliche Fallibilität wird von vorneherein dadurch ausgeschlossen, dass schlichtweg keine erläuternden Angaben zu den Verursachungen, Begründungen oder Zielsetzungen der Formulierung gegeben werden. Fehlbarkeits- und Verifikations-Standards aller Regeln des ‚klugen' Schlussfolgerns werden ignoriert. Gleichzeitig aber betreibt der implizite Autor einigen Mehraufwand darin, eine ‚These' von solch geringer Anwendbarkeit medial umzusetzen: Die zeichnerische Erstellung des Diagramms, seine Nachbearbeitung, das Hochladen auf die Webseite etc.,[50] deuten immerhin auf einigen Aufwand hin, der im rationalen Diskurs ‚dumm' zu nennen wäre.

---

[49] Darauf wird in 4.3.2 noch einzugehen sein; für den Moment seien diese eher intuitiven Annahmen fluchtpunktartig vorangestellt.

[50] Glaubt man dem Autor, benötigt das Erstellen einer Folge von *XKCD* insgesamt bis zu sechs bis acht Stunden, vgl. <http://www.youtube.com/watch?v=zJOSOsV2a24> 0'29'40 (Letzter Zugriff: 08.08.2012).

Will man die ‚komische Inkongruenz' aber exakt verorten, die solche Überlegungen überhaupt motiviert, stößt man allerdings mit Wirth bereits auf Grenzen. *Ad hoc* lassen sich mindestens vier Ebenen benennen, auf denen *America* Brüche zwischen Unpassendem aufweist – alle davon sind mit spezifisch *medialen* Verwendungskonventionen verbunden, die Wirth vollkommen ausblendet, wenn er etwa verschiedene filmische *Monty-Python*-Sketche rein als Texte untersucht (vgl. Wirth 1999: 213; 1997: 54).

Zunächst lässt sich in *America* eine zentrale Inkongruenz zwischen Text und Bild angeben, die an der dominanten Unterschrift „America must never forget" anzusetzen ist. Welche konnotativen Kontexte jeder einzelne Leser hier auch individuell aufgerufen findet – erwarten dürfte man im Anschluss eher eine verbal- oder schriftsprachlich vorgetragene patriotische Rede (zumindest: eine griffige *Aussage*) als ein Diagramm. Im stilistischen Gestus, dass Amerika ‚niemals vergessen dürfe', schwingt der Pathos und die Rhetorik eines Patriotismus, der an „remember the Alamo!" oder Diskurse um den Elften September erinnert. ‚Sachliche' und ‚wissenschaftliche' Darstellungen werden in solchen Kontexten allenfalls illustrativ oder untermauernd herangezogen; nicht jedoch, um die eigentliche Aussage überhaupt zu treffen. Bei dem Gebrauch des Diagramms in der behaupteten Funktion handelt es sich – wäre sie ernst gemeint – um einen Register-Fehler der medialen Verwendungskonventionen.

Unmittelbar damit einhergehend fällt die formale Gestaltung des Diagramms ins Auge. Würde man eine wissenschaftliche Darstellung hier auch akzeptieren, müsste sie sich gewissen Standards unterwerfen. Dazu gehörten präzise Linien, welche vielleicht mit Computer-Programmen erstellt, zumindest aber mit einem Lineal gezogen wären. Der Graph, der die Zeitlinie der Vereinigten Staaten repräsentiert, entspringt aber der gleichen ‚Tuschefeder', welche der Comiczeichner Munroe für die Panel-Rahmung und die Figurenzeichnung (der anderen Strips) einsetzt. Der mediale Bruch entsteht somit durch die Überlagerung eines comichaften Zeichenstils mit dem behaupteten Inhalt: Der Strip ‚maskiert' sich gewissermaßen als Diagramm und assimiliert das

Medium in seiner Comic-Welt – ähnlich, wie wenn Prominente in *cameo*-Auftritten der *Simpsons* ganz selbstverständlich gelbe Hautfarbe übernehmen.

Noch bevor man zur semantischen Dimension des Repräsentierten gelangt, springt drittens bereits eine Inkongruenz in der bloßen Zahl an Markierungen ins Auge. Die Dinge, die Amerika niemals vergessen dürfe, sind lediglich die Unabhängigkeitserklärung 1776, die Gegenwart 2007, und das fragliche Ereignis des Hasen-Übergriffs auf Präsident Carter 1979. Betrachtet man Anfangs- und End-Daten lediglich als Rahmungen der ‚Messung', so gibt das Diagramm sogar lediglich eine übersichtliche Darstellung über genau ein Ereignis. Selbst ohne zu lesen, worum es sich dabei handelt, generiert die Selektion eine Inkongruenz in der Verwendungspragmatik von Infografiken: Geht man davon aus, dass Diagramme zumeist zur Komplexitätsreduktion verwendet werden,[51] ist der Mehrwert der Darstellungsform hier nichtig. Eine Gegenüberstellung von drei (oder weniger) Größen widerspricht Allem, was wir vom Gebrauch des Mediums kennen. Schließlich betrifft dies auch die inhaltliche Ebene, auf der die verzeichneten Werte selbstverständlich völlig inkommensurabel sind. Unter dem Gesichtspunkt der bloßen zeitlichen Abfolge fallen Unabhängigkeitserklärung und Hasenangriff freilich vor das selbe ‚Mess-Raster'; in jeder pragmatischen Hinsicht jedoch dürften kaum Szenarios denkbar sein, in denen beide Ereignisse gleichzusetzen wären. Zumindest ist nicht einzusehen, warum andere, sicherlich relevantere Daten der US-Geschichte keine Rolle spielen sollen. Wenn das Diagramm hier Größen (Jahreszahlen) korrekt vergleicht, ist die Auswahl der Vergleichswerte zwar nicht *per se* falsch (im Sinne von: es wurden inkorrekte Daten ausgewählt), aber doch völlig irrelevant bzw. implausibel: Es lässt sich kein Kontext denken, der die Operation legitimiert oder den Aufwand rechtfertigt, ihn in dieser, doch nicht unkomplexen Form, überhaupt anzustellen.

[51] Eine der gängigen Annahmen, die etwa Heiner Wilharm als Grund-Erwartung an das Diagramm nennt: „Vergleichsweise scheinen die Informationen in einem Diagramm einfach strukturiert und übersichtlich angeordnet. Man spricht von ‚Komplexitätsreduktion'. Dennoch nehmen wir an, dass selbst höchst komplexe Inhalte diagrammatisch repräsentiert werden können" (123).

Damit aber ist zu wenig gesagt. An der Form, die die hier getroffene Relationierung annimmt, führen diese Spekulationen völlig vorbei. Während Wirth, zumindest implizit, stets von sprachlich getroffenen Hypothesen über Zusammenhänge ausgeht, leistet das Diagramm zugleich *mehr*, aber auch *weniger*: Mehr, insofern die Anschaulichkeit der Relationierung Weiteres zeigt, als es eine sprachliche Gegenüberstellung täte (die Verhältnisse der Teile untereinander, die Leerstellen, die topologische Orientierung etc.). Weniger, insofern hier noch keinerlei *Aussage* oder *Vermutung* getroffen wird, die sich ohne weiteres erschließen ließe; die verwendeten Größen stehen sich nur – wenn auch freilich in medial sehr bestimmter Weise – scheinbar unkommentiert (und uninterpretiert) gegenüber. Kurz gesagt: Wenn sowohl der Kern der hypothesenbildenden Abduktion als auch der der komischen Inkongruenz in der Ökonomie der Verähnlichung zwischen Ungleichem bestehen, auf die das assoziierende ‚Spiel der Gedanken' stößt, so scheint hier gerade die mediale Form der Relation – die Wahl des Diagramms – entscheidend für das Verständnis beider Momente zu sein. Obgleich Wirths Ansatz idealtypisch dafür geeignet schien, sich dem Phänomen des komischen Diagramms zu nähern – und obgleich sich damit auch fernere Gegenstände (wie das angeführte Comic *Book Burning*) erschließen lassen[52] scheint er *gerade* am Diagramm zu kurz zu greifen. Damit ist noch klarer akzentuiert, dass ein Zugang zur Medialität des Darstellungs-Systems fehlt, innerhalb dessen die gesamte Hypothesenbildung sich hier artikuliert. Daher ist zunächst eine Erörterung des Diagramms in seinen syntaktischen Eigenschaften als Darstellungs-System sowie in seinen funktionalen Attributen als Schlussfolgerungsmedium vorzunehmen, bevor die Überlegungen zur *economy of research* fruchtbar darauf bezogen werden können.

---

[52] In der anskizzierten Weise freilich nur sehr holzschnittartig. Dennoch darf behauptet werden, dass sich bei genauerer Analyse mit (vollständigem) Vokabular von Wirths *diskursiver Dummheit* ein recht präzises Verständnis von *Book Burning* entwickeln ließe. Der Autor selbst dürfte dem nichts entgegen zu setzen haben, arbeitet er doch selbst auch zahlreich mit Film-Beispielen (z.B. *Monty-Pythons Flying Circus*, Wirth 1999: 231) – ebenfalls aber, ohne die besondere Medialität des Filmischen eines Gedankens zu würdigen. Möglich scheint dies durch die Narrativität aller verwendeten Medien, vor der zahlreiche andere Aspekte für ihn in den Hintergrund treten. Da diese (Narrativität) bei dem Diagramm nicht gegeben ist, scheint hier eine Leerstelle gefunden.

3. Diagramme und Diagrammatik: Eine Erarbeitung am Begriff der Ikonizität

Dieses Kapitel wird sich dem Diagramm in zwei Perspektiven annähern: als besondere Klasse ikonischer Zeichen sowie als Modell für Entwurfs- und Erkenntnisverfahren. Es handelt sich somit, so soll vorweggenommen werden, um das Spannungsfeld von *Diagrammen* zu einer allgemeinen *Diagrammatik* (welche freilich eine besondere Beziehung zur Zeichenklasse des Diagramms unterhält; vgl. Bauer/Ernst: 17). Beiden Konzeptionen soll sich über den Begriff der Ikonizität angenähert werden, der in seiner Verwendung bei Peirce in zweifacher Hinsicht geeignet scheint, die besonderen Eigenschaften des Diagramms syntaktisch und funktional einzuholen. Zwei verschiedene Auffassungen von Ikonizität – bei Peirce als *optimal* und *operational* terminologisch unterschieden – korrelieren mit diesen beiden Verständnissen des ‚Diagramms'.

In einem ersten Abschnitt (3.1) werden einige grundlegende Probleme des Begriffs der Ikonizität angesprochen. Da sich sowohl für die Humor-Theorie von Wirth, als für die Bestimmung des Diagramms ein Verständnis von ‚Ähnlichkeit' als maßgeblich erachten lässt, muss die Differenz dieser heterogenen Konzeptionen klar konturiert werden.

Daraufhin soll in einem zweiten Abschnitt (3.2) erörtert werden, wie sich das Diagramm als spezielle Klasse von ikonischen Zeichen begreifen lässt. In einem ersten Schritt (3.2.1) wird in Peirces grundlegende Taxonomie von *image, diagram, metaphor* eingeführt und unvermeidlich einige der Probleme dieser Unterscheidungen angesprochen. Ein pragmatischer Lösungsvorschlag wird in einem zweiten Schritt (3.2.2) angeboten, der sich aus der Symboltheorie Nelson Goodmans ergibt.[53] Das Erkenntnisziel wird schließlich (in einem dritten Schritt, 3.2.3) eine genaue Beschreibbarkeit der diagrammatischen Darstellung – als Zeichengattung – darstellen.

---

[53] Paradoxerweise obgleich dieser als schärfster Kritiker *jeglicher* Ähnlichkeits-Vorstellungen Renommee genießt.

In einem dritten Abschnitt (3.3) kann sodann ein anderer Diagramm-Begriff herangezogen werden, der mit einem abweichenden, *operationalen* Verständnis von Ikonizität korreliert. Unter diesem weiteren Begriff, der aus Michael H.G. Hoffmanns und Frederik Stjernfelts Peirce-Lektüre hervorgeht, stellt das materielle Medium der diagrammatischen Darstellung nur einen Spezialfall des Diagrammatischen – als Entwurfs- und Erkenntnisverfahren – dar. In einem ersten Schritt (3.3.1) soll der Blick auf die Frage gelenkt werden, auf welche Art ein Diagramm zwischen den Relationen, die es repräsentiert, und den Relationen, die es selbst aufweist, vermittelt. Da diese funktionalistische Perspektive auch vollkommen konventionelle Zeichensysteme – wie die Schrift – umfasst, wird in einem zweiten Schritt (3.3.2) die Bedeutung der Normativität und Regularität diskutiert, die das Diagrammatische in dieser Frage auszeichnet. Dieses erweiterte Verständnis kann angewandt werden, um auf verschiedene prozedurale Aspekte hinzuweisen, die auch (und gerade) bei dem in 3.2 diskutierten ‚Diagramm' (als besonderem Darstellungssystem) zu finden sind. Einige Abschluss-Überlegungen (3.3.3) werden die eingeführten Dimensionen des Ikonischen – und Diagrammatischen – noch einmal reflektieren und ihre gegenseitige Durchdringung herausarbeiten.

3.1. Ebenen der Ikonizität

Die Extension des Begriffs *Diagramm* ist zweifellos strittig.[54] Da eine klare Abgrenzung weder gattungstechnisch noch historisch vorgenommen werden

[54] Begriffsgeschichtlich titulierte man damit von der Antike bis in die frühe Neuzeit hinein hauptsächlich geometrische Figuren, während ‚Kurvendiagramme', verstanden als Linien mit Einschreibungen und Skripturen, als ‚Graphen' galten. Seit etwa Mitte des 19. Jahrhunderts findet man beides – freilich nicht durchgängig – als ‚Diagramm' (vgl. Hessler/Mersch 31; Bonhof). Vermischt wird beides mit den heterogensten Gattungsbezeichnungen wie Karten, Schemata, Skizzen, Plänen (vgl. Bauer/Ernst: 18), oder eben ‚Infografiken': „Was aber nun eigentlich durchgeht als Infografik – und vor allem: was nicht –, ist nicht nur bei Laien immer noch Geschmackssache. Das beginnt bei der schieren Begrifflichkeit, setzt sich fort über die Orthographie derselben, geht weiter über Meinungsverschiedenheiten bezüglich der Geburtshelfer und -daten der Infografik und reicht bis zu einer inzwischen vorliegenden stattlichen Anzahl erstaunlich inkompatibler [...] Kategorisierungen bezüglich der Funktion, der Inhalte, der Aufbereitungstechniken des Darstellungsmittels" (Liebig: 16).

kann, bestimmen alleine funktionale Aspekte die gewählten Begrifflichkeiten.[55] Im Zentrum all jener Anwendungs-Beschreibungen steht durchgängig die Hervorhebung der *spezifischen Visualität* des Diagramms – in Gegenüberstellung zu rein textlichen oder formallogischen Darstellungssystemen. Beispielhaft etwa bei Christian Stetter, der die „exhibitive Darstellung eines Sachverhalts mit graphischen Mitteln" (122) unterstreicht, die dazu diene „uns von abstrakten Sachverhalten in buchstäblichem Sinne *ein Bild machen* zu können" (ebd., Hervorhebungen: L.W.). Als kleinster Nenner lässt sich festhalten, dass alle „Bestimmungsversuche – im Einklang mit Peirce – die Charakteristika der Ikonizität, also der Ähnlichkeit des Diagramms zu seinem Objekt, als Ausgangsbasis verwenden" (Bauer/Ernst: 19).

Folgt man dieser Spur und versteht Ikonizität als Grundprinzip diagrammatischer Darstellungen, so führt eine erneute Lektüre der Wirth'schen Humortheorie auf eine zunächst überraschende Fährte. Einerseits spielt die Medialität – und damit auch die Visualität – der komischen Schlussfolgerungsprozesse in seinen Schriften kaum eine Rolle. Andererseits taucht der Begriff der ‚Ähnlichkeit' an geradezu prominenter Stelle auf, präfiguriert gar den gesamten Prozess der Hypothesenbildung. Wenn jede Hypothese als Epi-Phänomen eines abduktiv hergestellten Zusammenhangs betrachtet wird, wenn sich also jeder Witz auf eine eigentlich implausible (oder schlichtweg irrelevante) assoziative Verbindung zwischen Unähnlichem zurückführen lässt, dann liegt dem Prozess der Verähnlichung, der Relationierung zwischen Gegenständen, bereits selbst eine pragmatische Effizienz zugrunde, welche ein Potential zur Kippfigur des ‚Dummen' und Komischen besitzt.

Das *ingenium* als Verähnlichungsvermögen zu verstehen, ist einerseits ein Gemeinplatz der Kulturgeschichte, der die Metapherntheorie (vgl. Richards: 31) ebenso durchzieht wie die Schriften zum Humor (vgl. Wirth 2003: 159) und zum wissenschaftlichen Folgern. „Ähnlichkeit in den Umständen ist ja alles, was uns zur wissenschaftlichen Erkenntnis bringt, wir können ja auch bloß

55 „Offenbar lassen sich keine klaren Demarkationen ziehen, bestenfalls Funktionen aufweisen, die in verschiedenen Wissensproduktionen unterschiedliche pragmatische Zwecke erfüllen" (Heßler/Mersch: 31).

Ähnlichkeiten ordnen und behalten" formuliert schon Lichtenberg (vgl. Wirth 1999: 193). Gleichzeitig ist damit herzlich wenig gesagt. Schon im 15. Jahrhundert argumentiert Rudolf Agricola, nichts beweise so wenig, wie das Auffinden scheinbarer Ähnlichkeit (vgl. Otto: 70ff.). Er wendet sich damit gegen einen Ähnlichkeitsbegriff, von dem die Rennaissance „ganz gefesselt war" (ebd.), wo in einer harmonischen Kosmologie überall Korrelation und geometrischer Zusammenhang aller Dinge miteinander ausgemacht wurde.[56] Der Ähnlichkeitsbegriff wird für die analytische Philosophie gar zum Prüfstein zwischen Vernunftlosigkeit oder Esoterik einerseits, „echter Wissenschaft" andererseits (vgl. ebd.). In der bislang diskutierten Weise – als Grundlage eines unpassenden und komischen Relationsverhältnisses – umspannt der Ähnlichkeitsbegriff auch die heterogensten wahrnehmungstheoretischen, epistemischen und logischen Probleme. Um diese Reichweite auch nur anzudeuten, welche als Grundlage für einen Witz, eine implausible Assoziation dienen kann, soll hier auf Umberto Eco verwiesen werden, welcher (ohne Anspruch auf Vollständigkeit oder Systematik) vierzehn ‚Ähnlichkeitsverhältnisse' auf verschiedensten Ebenen auflistet:

(i) Aber das scheint mir Stefan zu sein…

(ii) Diese Blumen sehen aus wie echte.

(iii) Es scheint mir, dass es an der Tür läutet.

(iv) Dieses Bild ist mir ähnlich.

(v) Er ist seinem Vater sehr ähnlich.

(vi) Wittgensteins Kaninchen sieht aus wie eine Ente (oder umgekehrt)

(vii) Diese Wolke ähnelt einem Kamel.

(viii) Diese Musik scheint Mozart zu sein.

(ix) Wenn er lächelt, ähnelt er einer Katze.

(x) Er scheint mir krank zu sein.

[56] Descartes zerschlägt im Anschluss die Suche nach ‚Ähnlichkeiten' vollständig und fordert „reine Begriffe" (vgl. ebd.).

(xi) Er scheint mir wütend zu sein…

(xii) Ein Kamel ist wie ein Taxi.

(xiii) Tagungen sind wie Schlafmittel

(xiv) Schlafmittel sind wie Tagungen (Eco 2000: 441).

Perzeptive Verwechslungen (i), Fragen der *Interpretation* von Wahrnehmung (iv), strukturelle Urteile (viii), begriffliche Analogien (xii) und metaphorische Ausdrücke (xix) stehen hier vermischt beieinander. Es scheint klar, dass jeder Versuch, diese Figurationen unter einem Begriff klären zu wollen, zum Scheitern verurteilt ist.[57] Auf der bewussten Nivellierung exakt solcher Unterschiede (welche im *vorsichtigen* Hypothesenbilden zu berücksichtigen wären) beruht allerdings einerseits so manche Pointe; und auf der unbewussten Vernachlässigung so manche ‚Dummheit' im Wirth'schen Sinne. Daher mag es zunächst überraschen, dass bei Peirce der Begriff des *Ikons*[58] alle diese Ähnlichkeits-Beziehungen zu umfassen scheint.[59] Grundsätzlich gäbe es zwei Möglichkeiten, diese Extension zu rekonstruieren, welche sich nach dem Erkenntnisinteresse der Untersuchung ausrichten.

---

57 Zumal keineswegs geklärt ist, ob auch nur die fundamentalste Differenz, die zwischen perzeptiv erkannten Ähnlichkeiten in der Wahrnehmung und begrifflichem Vergleich, kategorial zu unterscheiden ist. Eco hält, trotz zahlreicher Revisionen (und teils entschiedener Selbstkritik) zu seinem Frühwerk daran fest, dass beide Modi – als ‚Alpha' und ‚Beta' – klar voneinander zu trennen sind. Während erstere der Wahrnehmung „Ersatzreize", „Surrogate von repräsentierten Wahrnehmungsreizen", bieten, welche ohne *bewusstes* (!) Schlussfolgern erkannt werden könnten, müsste man letztere wissentlich „als Zeichen", als Ausdrücke von etwas anderem interpretieren (Eco 2000: 437). Im Anschluss führt er jedoch selbst Beispiele an, in denen der Interpret, wenn nicht in beiden Modi gleichzeitig, so doch permanent dazwischen oszillierend verfahren muss (ebd.: 439; 447; 449). Auch diese Debatte ließe sich über Jahrzehnte hindurch verfolgen, wie Eco selbst nachzeichnet. Michael Hoffmann sieht entschieden keine grundlegende Differenz zwischen Wahrnehmungs- und Begriffsurteilen (vgl. 199 ff.). Die Bevorzugung eines Standpunkts wird hier vermieden.

58 Neben seinen Varianten ‚*Simile*' und ‚*Kopie*'. Auch hier ist Peirce in seinen Bezeichnungen nicht ganz kohärent, der Begriff des Ikons hat sich aber auch in der Rezeption eindeutig durchgesetzt (vgl. Halawa: 188 sowie Lizka: 37 f.)

59 Der Ikonizität, im weitesten Sinne, kommt sogar eine kategoriale Wichtigkeit, sowohl in Peirce'scher Logik, als auch Erkenntnistheorie und Metaphysik zu, die hier nicht einmal ansatzweise umrissen werden kann.

Eine *bottom-up*-Untersuchung würde sich Peirces Erkenntnistheorie, Logik und Metaphysik Schritt für Schritt erarbeiten. Sie müsste bei den grundlegenden, kosmologischen Kategorien der *firstness*, *secondness* und *thirdness* ansetzen und die jeweilige Rolle der *likene*ss, der Ähnlichkeit, herausarbeiten (vgl. Hoffmann: 27ff.; Eco 2000: 121ff.). Unschwer zu erkennen, dass dies mit der Fragestellung nach der Pragmatik ikonischer Operationen am Diagramm kaum noch etwas zu tun hat.[60] Vor dem Horizont der Fragestellung, die Plausibilität ikonischen Schlussfolgerns methodisch beschreibbar zu machen, wird daher ein *top-down*-Zugang vorgeschlagen, wie er eher bei Bauer und Ernst angelegt ist: Nicht eine systematische Aufarbeitung der sich verästelnden, häufig widersprechenden und korrigierenden Peirce'schen Schriften kann das Ziel sein (die zudem von zahlreichen Exegeten teils im hitzigen Widerspruch zueinander aufgefasst wurden). Stattdessen soll – vom Gegenstand her gedacht – ein heuristisches Vokabular erarbeitet werden, mit dem die Infrastruktur eines bestimmten Schlussfolgerungsmediums – der diagrammatischen Darstellung – diskutierbar wird.[61] Von hier aus kann das Problembewusstsein schrittweise erhöht werden, oder, metaphorisch gesprochen: von ‚oben' nach ‚unten' hinab gestiegen werden, bis eine geeignete ‚Tiefe' an Komplexität erreicht scheint, um dem Untersuchungsgegenstand in angemessener Weise zu begegnen.

Die Thesen, denen nun nachgegangen werden soll, sind damit die folgenden: Wenn jeder abduktiv aufgestellten Hypothese ein Moment des assoziativen Auffindens von ‚Ähnlichkeiten' vorausgeht, so beruht schlussfolgerndes Denken mithin auf ikonischen Operationen, deren (Im-) Plausibilität in der komischen Inkongruenz des Witzes nur ausgeschöpft werden. Peirces durchaus nicht intuitive Auffassung von ‚Ähnlichkeit' wird in die zentrale Kategorie des

[60] Von der nachdrücklichen Intuition ganz abgesehen, dass eine solche Unifikation des Ikonizitätsbegriffs je zu leisten ausgesprochen fragwürdig erscheint.

[61] Als Ausgangspunkte dienen somit auch nicht jene terminologischen Unterscheidungen Peirces, die das höchste Maß an Systematik für sich beanspruchen können – sondern vielmehr die operationalisierbarsten (und wohl auch am häufigsten verwendeten). Ein Beispiel hierfür wäre Peirces – oft stark vereinfachte – Untergliederung der ‚ikonischen Probleme' (wie sie in der Eco'schen Auflistung (i) bis (xiv) auf der Vorseite auftauchen) in die drei grundlegenden Ikonizitäts-Klassen *icon, diagram, metaphor*. Als heuristischer Ausgangspunkt ist diese Taxonomie zweifellos nützlich, doch keinesfalls unhinterfragbar.

‚Diagramms' (in zweierlei Bedeutung) münden. Zwei Auffassungen von Ikonizität – optimale und operationale – werden eingeführt und gegenüber gestellt: Dabei handelt es sich nicht um konkurrierende Modelle, sondern verschiedene Blickwinkel, die aufeinander bezogen werden können.

3.2. Optimale Ikonizität: Das Diagramm als Darstellungssystem

3.2.1. *Image, diagram, metaphor*

Die wohl bekannteste terminologische Unterscheidung, die auf Peirce zurückgeführt wird, ist jene von *icon*, *index* und *symbol*. Primär handelt es sich um eine Taxonomie der Zeichen[62], wobei dies bei Peirce über Artefakte, die intentional zu kommunikativen Zwecken hergestellt wurden, weit hinausgeht. Ein Zeichen ist bei Peirce alles, das etwas für jemanden bedeutet: mithin also jeder denkbare *Gedanke*, der uns nur semiotisch zugänglich wird. Damit ist schon gesagt, welcher Fehler vermieden werden muss, will man Peirce gerecht werden: die häufig getroffene Annahme, Zeichen als materielle Objekte zu verstehen, die etwa kategorial nach verschiedenen Klassen unterschieden werden könnten. Für Peirce ist ein Zeichen stets eine immaterielle, gedankliche Relation,[63] die sich unter bestimmten Annahmen für ein konkretes Subjekt reali-

---

[62] Eine der zahlreichen Schwierigkeiten im Umgang mit Peirce ist seine Vorliebe dafür, verschiedene Begriffe für das Gleiche einzuführen oder denselben Ausdruck unterschiedlich zu verwenden (vgl. Lizka: ix). Auch der Terminus ‚Zeichen' taucht unterschiedlich auf, manchmal als Begriff für eine triadische Relation zwischen Objekt, Repräsentamen und Interpretant *im Ganzen*, machmal nur als der zweite Teil dieses Relatums. Auch in der Forschungsliteratur wird dies häufig verwechselt (vgl. Hoffmann: 54). Hier wird von Zeichen stets als einer Relation die Rede sein; ist der materielle Zeichenträger alleine gemeint, wird vom Repräsentamen gesprochen.

[63] Die Fragen nach diagrammatischen Schlussfolgerungen liegen damit etwas quer zu der systemtheoretisch etablierten Tradition, Kommunikation und Kognition scharf zu trennen und ihnen verschiedene wissenschaftliche Disziplinen zuzuordnen. Dass eine kulturwissenschaftliche Diagrammatik aber *gerade* das Austauschgeschehen zwischen mentalen Erkenntnisinteressen einerseits und kulturell konventionalisierten Formen andererseits im Auge hat, darauf haben Michael Hoffmann (128) und Bauer/Ernst (mit unterschiedlicher Akzentsetzung) wiederholt hingewiesen:

siert (nicht aber bereits im physikalischen Bestand vorliegt).[64] „Zeichen sind also keine Dinge, die sich sehen, schmecken, fühlen oder riechen lassen; sie lassen sich nur denken" (Halawa: 60). Dem Denken[65] liegen somit stets bewusste und unbewusste *Schlüsse* zugrunde, welche Dinge und Gedanken als etwas *ver-zeichnen*[66], um sie uns ins Bewusstsein treten zu lassen. Dem Zeichen

---

„Die Diagrammatik ist demnach kultur- und medienwissenschaftlich dadurch bedeutsam, dass sie eine Form der aktiven Auseinandersetzung des Menschen (als psychisches System) mit seiner Umwelt erfasst, in der mentale Inhalte erst durch die aktive Nutzung bestimmter Zeichensysteme hervorgebracht werden" (Bauer/Ernst: 36).

Eine solche Annahme ist begründungspflichtig. Seit den 1970er Jahren lässt sich zweifellos auch innerhalb der Semiotik eine kognitionswissenschaftliche Wende beobachten, die ‚mentalistische' Überlegungen nicht mehr, wie noch Goodman oder der frühe Eco, scheut „wie der Teufel das Weihwasser" (Blanke: 29). In der Fusion kognitionswissenschaftlicher Konzepte mit strukturalistischer Philosophie, wie sie exemplarisch bei der Groupe µ und Göran Sonesson vollzogen wurden, begann selbst Eco 2000 ‚kognitiven Typen' wieder eine gewichtige Rolle einzuräumen (vgl. auch Blanke: 29 ff.; Eco 2000: 146 ff.). Gerade am Phänomen des Komischen wird sich aber hoffentlich zeigen lassen, dass Diagramme eine *prozedurale* Form von Wissen zum Gegenstand haben, welches aus Anwendungsfällen erst glücklich oder misslungen hervorgeht, nicht *a priori* gegeben ist – oder ohne Medien des Schlussfolgerns präexistent wäre: „Die Diagrammatik ist keine logische Entfaltung von bereits vorformuliertem Wissen, sondern sie ist das Erzeugen von neuem Wissen im praktischen Umgang mit medial verkörperten Zeichen – sie ist das Konzept der Transformation von Wissen" (Bauer/Ernst: 23).

64 Achim Eschbach kreidet dies beispielsweise auch Charles W. Morris an, dessen einflussreiche Übernahme (des Konzepts) Peirce entscheidend vereinfacht hat, indem sie von Ikons, Indexen und Symbolen als *Fakten* redet (in Halawa: 10).

65 Aber auch der Wahrnehmung, welche Peirce nicht kategorial scheidet. Seine semiopragmatische Erkenntnistheorie nimmt für sich in Anspruch, alle Bewusstseinsprozesse mit dem gleichen Vokabular bearbeiten zu können (vgl. Hoffmann: 27 ff.; Halawa: 58 ff.). Hier werden nur Grundlagen zu einer diagrammatischen Theorie des Schlussfolgerns interessieren.

66 Peirces dreigliedriger Zeichenbegriff geht stets davon aus, dass ein Phänomen, das als Zeichen wahrgenommen wird (das Repräsentamen), nur – und ausschließlich – über eine vermittelnde Vorstellung, den Interpretanten, auf ein externes Objekt Bezug nehmen kann. Eine solche Verbindung, welche eine Gesetzmäßigkeit oder eine Ordnung zwischen zwei Dingen der Wahrnehmung oder des Denkens herstellt, ist nicht Teil dieser Dinge, sondern das Dritte, der Interpretant. „Bedeutung kann es nur in der Form von Interpretanten geben, die Bedeutung eines Zeichens ist sein Interpretant, und es kann keine Bedeutung außerhalb von Interpretanten geben"(Hoffmann: 45). Was aber ‚ist' der Interpretant? Diese Instanz, welche jedes mögliche A in ein Verhältnis zu jedem möglichen B stellt, ist zunächst ein gedanklicher Schluss, der *wiederum* nur ganz verschieden zugänglich gemacht werden kann – was aber nur durch neue, interpretierende Zeichen-Relationen möglich ist. Um beispielsweise sagen (oder

kommt damit der Status eines „Elementarteilchens unseres Erkenntnisvermögens“ (ebd.: 99) zu, da erst etwas Verzeichnetes in Relation zu anderem stehen kann. Die Fähigkeit, auf anderes zu verweisen oder als Zeichen dafür zu fungieren, ist innerhalb des Interpretationsaktes entstanden und liegt nicht im Gegenstand selbst. Das hat zur Folge, dass sich Zeichenklassen nur funktional voneinander unterscheiden lassen, nicht etwa auf ontologischer Ebene (vgl. Halawa: 64).

Während ein Symbol[67] seine Objekt-Beziehung alleine über kulturell genormte Absprachen unterhält, ein Index in einer physikalischen oder kausalen Verbindung zu seinem Bezeichneten steht, weist das Ikon eine ‚Ähnlichkeitsbeziehung‘ zu etwas anderem als ihm selbst auf. Peirces Auffassung von Ikonizität ist sehr speziell, für viele Beobachter, wie den Berliner Philosophen Jan Wöpking, stellt sie „one of his most remarkable features“ (41) überhaupt dar. Entsprechend der Komplexität des Begriffes lassen sich sehr heterogene Definitionen eines ‚Diagramms‘ rekonstruieren, welche für eine Untersuchung von Ähnlichkeitsverhältnissen zentral sein werden.

Eine erste Definition der Peirce'schen Ikonizität klingt noch sehr intuitiv: „An icon is a sign which refers to the object that it denotes merely by virtues of

denken) zu können, dass A schwerer als B ist, bedarf es einer interpretierenden Vorstellung C von dieser Relation, etwa eines unabhängigen Gesetzes oder eines Urteils. Dieses Urteil lässt sich beispielsweise durch eine physikalische Formel zugänglich machen (neu ver-zeichnen), oder durch eine Pfeil-Relation (das leichtere Objekt deutet auf das Schwerere), oder durch verschiedenste Diagramme – selbstverständlich auch durch den sprachlichen Satz, wie er hier zu lesen war. Keine dieser Darstellungen *ist* jedoch der getroffene Schluss von der Relation A zu B, beide repräsentieren ihn lediglich (vgl. Halawa: 61 ff.). Konsequenterweise spricht Peirce hier von einer ‚infiniten Semiose‘, da sich kein abschließendes Moment dieser Zeichenkette finden lässt. Innerhalb des komplexen Begriffs-Apparats, mit dem sich alle der drei Seiten einer Zeichenrelation (Objekt, Repräsentamen und Interpretant) untersuchen lassen, ist für diese Arbeit überwiegend die Objekt-Relationen interessant: die Art der Beziehung, die ein Interpretationsakt zwischen Repräsentamen und Objekt erkennt (und bestimmt). Obgleich es sich, wie ausgeführt, stets um triadische Relationen handelt, die zwischen Objekt, Repräsentamen und Interpretant ein Zusammenspiel bilden, soll im Folgenden die konstitutive Leistung des Interpretanten vorausgesetzt, damit aber auch weitgehend eingeklammert werden.

67 Ein weiteres Mal wird hier darauf hingewiesen, dass es nicht die spezifische Materialität eines Repräsentamens ist, die es zum Symbol ‚macht‘, sondern die temporäre Annahme dieser Funktion in einer bestimmten Deutung oder Interpretation.

characteristics of its own, and which it possesses" (Peirce nach Bauer/Ernst: 49).[68] Die ‚Ähnlichkeit', die gemeinsame Eigenschaft von Repräsentamen und Objekt, muss dabei keine Kategorie des Perzeptuellen[69] sein – welche nur die erste von drei Unterklassen des Ikons stellt, nämlich *images*[70]. In einer viel zitierten Passage werden die zwei anderen Peirce'schen Klassen der Ikonizität (neben dem *image*) als *Diagramme* und *Metaphern* benannt:

> Those [Ikons - L.W.] which partake the simple qualities [...] are images; those which represent the relations – mainly dyadic – of the parts of one thing by analogous relations in their own parts, are diagrams; those which represent the representative character of a representamen by representing a parallelism in something else, are metaphors (nach Bauer/Ernst: 43).

Wenn Peirce hier Metaphern als ‚Schnittmengen von Bedeutungskomponenten' versteht (Blanke: 74), so liegen die Analogien auf konzeptueller Ebene und damit weit von sinnlicher Wahrnehmbarkeit entfernt. Die Eigenschaften, die Repräsentamen und Bezugsobjekt teilen, zeichnen sich dennoch auf dem

68 Dies scheint sich weitgehend mit Goodmans Begriff der *Exemplifikation* zu decken, eine Art der Bezugnahme, bei der das Repräsentamen auf etwas anderes verweist und dabei gleichzeitig Strukturmerkmale des Referenzobjekts an sich selbst ausstellt. Goodmans Lieblingsbeispiel ist die Stoffprobe (vgl. 1997: 59 ff.). Dies ist aber insofern irreführend, da Goodman einerseits bekanntlich jeden Ähnlichkeitsbegriff ablehnt, diese spezielle Art der selbstbezüglichen Ostension andererseits aber selbst von Ikonizitäts-Verteidigern *gerade nicht* als ikonisch aufgefasst wird (vgl. Blanke: 74).

69 Jedes Konzept von perzeptueller ‚Ähnlichkeit' führt in einen epistemologischen Grabenkrieg, den Bauer und Ernst als die wohl am meisten umstrittene Kategorie der Semiotik bezeichnen (vgl. 42; auch Eco 2000: 384 ff.)– vermutlich darüber hinaus auch in der analytischen Philosophie (vgl. Blanke: 7-21). Zu den profiliertesten Ikonoklasten gehören zweifellos (der frühe) Eco und Goodman, auch wenn ihre Kritiken sehr unterschiedlichen Traditionen entspringen. Während ersterer in seiner *Einführung in die Semiotik* noch vorsichtig das *Trivialitätsargument* ins Feld führt, demzufolge der Ähnlichkeitsbegriff „nichts tauge" (Eco 1987a: 282), hält Goodman als schärferer Kritiker die Kategorie generell für unhaltbar und schädlich. Er argumentiert sehr überzeugend für die Konventionalität jedweder Repräsentation, hält den „Unterschied zwischen ikonischen und anderen Zeichen [...] als transitorisch und trivial" (1997: 214). Wie in 3.2.2 zu zeigen sein wird, ist Goodmans Sicht aber durchaus mit Peirce kompatibel, geht man statt von ‚Ähnlichkeit' von homomorphen Korrelationen zwischen Strukturen aus, unter denen ‚Bilder' (*images*) nur syntaktische Spezialfälle darstellen.

70 Peirce ist auch hier oft missverständlich und bezeichnet mit *Ikon* manchmal die ganze Trias *image-diagram-metaphor*, manchmal auch das erste Relatum (*image*) alleine (vgl. Shin: 181). Diese Arbeit wird die erstgenannte Nomenklatur verwenden.

Weg vom *image* zur *metaphor* schrittweise durch zunehmende Abstraktionssteigerung und Komplexitätsreduktion aus:

> Während Bild-Ikons (Images) die sinnliche Erscheinung eines Gegenstandes in seiner spezifischen Detailfülle und Anmutungsqualität wiedergeben – oder genauer: vorgeben, eine solche Wiedergabe zu sein – und Metaphern versuchen, durch den Bezug verschiedener Erkenntnisbereiche aufeinander etwas über einen Sachverhalt auszusagen, reduzieren Diagramme den Sachverhalt oder Ereigniszusammenhang, den sie vergegenwärtigen, auf wesentliche Grundzüge (Bauer/Ernst: 45).[71]

Es sieht zunächst so aus, als würde ein ‚Bild' (*image*)[72] einen Gegenstand zumindest partiell in perzeptueller Entsprechung wiedergeben,[73] während ein Diagramm von dieser sinnlichen Wahrnehmung abstrahiert und nur noch „analoge Relationen und/oder Proportionen des Bezugsobjektes" (Bauer/Ernst: 43) nachmodelliert.[74] Das Diagramm ähnelt seinem Bezugsobjekt

---

[71] Der Bereich der Metapher, der hier wiederum angesprochen wird, soll aus den weiteren Überlegungen konsequent ausgeblendet bleiben.

[72] Das landläufig als ‚Bild' (etwa: Gemälde) Verstandene bildet nur einen Spezialbereich, der zu Peirces Verständnis des *image* in mehrerlei Richtungen entscheidend divergiert. Einerseits erschöpft sich das semiotische Potenzial des Bildes keineswegs in seiner Ikonizität, man denke nur an nichtgegenständliche Bilder. Andererseits ist ein Ikon als funktionale Kategorie nicht ausschließlich ein visuelles Phänomen, auch Lautmalerei oder Pantomime fallen darunter. „Auch eine Melodie, die ich – möglicherweise falsch – pfeife, kann ein Ikon von Beethovens *Fünfter* sein" (Eco 2000: 81). Entsprechend wären auch *images* und Diagramme aus einem hier mit getragenen Optozentrismus zu befreien: „We have been accustomed to think of diagrams as analogues to geometreical figures, usually perceptible images" (Pietarinen: 75). Obgleich im Folgenden ausschließlich von visuellen Kategorien die Rede sein wird, ließ sich Peirce methodisch darauf keineswegs beschränken. Seine Beispiele umfassen oft akustische, haptische und gar olfaktorische Reize und Situationen.

[73] Die auch verschieden verstanden werden kann, entweder anhand der Qualitäten des repräsentierten Objekts (seinen *sinnlich wahrnehmbaren*, im Gegensatz zu konjektural erschließbaren Eigenschaften) oder durch die Art der Repräsentation (*in gleicher Weise* wahrnehmbar zu sein wie das Objekt). Diese zwei heterogenen Konzepte ‚perzeptueller Entsprechung' sind im Auge zu behalten.

[74] Dass jede Form der ‚Ähnlichkeit' nicht mit Repräsentation zu verwechseln ist, haben unter anderem Goodman und Oliver Scholz ausführlich demonstriert; Die prominentesten Einwände sind im Reflexivitätsargument (Ein Baum ähnelt sich selbst, stellt sich aber nicht selbst da), dem Symmetrieargument (ein Baum ähnelt, wenn schon, dann seinem Bild ebenso, wie das Bild ihm), dem Fiktionalitätsargument (wem oder was ähneln Einhorn-Bilder?) zu finden – und eben dem Trivialitätsargument (vgl. den Überblick bei Blanke: 15). Es ist aber Wöpking zuzustimmen, dass beide Konzepte zwar sauber zu trennen, deswegen aber keineswegs problematisch an sich sind. „There are many objections to invoking concepts of similarity in

gerade nicht in einem perzeptiven Sinne, sondern aufgrund einer abgebildeten ‚skelett-artigen Struktur' (vgl. Ernst: 201) von Relationen, die sowohl im Repräsentamen, als auch in dem, worauf es sich bezieht, aufzufinden sind. Eine besondere Beziehung zum Diagramm unterhält darum der Darstellungstyp der Karte, insbesondere der Landkarte. Obgleich dieser typischerweise nicht dem Diagramm zugerechnet wird, sondern als eigenständiges Phänomen verhandelt wird, bildet die Karte gewissermaßen die Urszene dafür, auch nicht-räumliche Sachverhalte anschaulich darzustellen und ‚das Räumliche' als Repräsentationsprinzip zu verwenden (vgl. Krämer 2009: 96ff.).[75] Sie enthält zwar (oft) kein Element, welches *optisch* dem abgebildeten Territorium gleicht. Es handelt sich bei den einzelnen Markierungen auf der Karte also weitestgehend um arbiträre Symbole, insofern sie nur durch Konventionen (blaue Farbe für Wasser, obwohl es ‚in Wirklichkeit' eher grün-schwarz wahrnehmbar wäre, etc.) oder der angefügten Legende lesbar werden. In den motivierten (konstitutiven)[76] Relationen aller Symbole untereinander entspricht die Karte ihrem Territorium jedoch, die Struktur der abgebildeten Elemente untereinander ist also *homomorph*[77] zu jener, die sie abbildet. In diesem Fall sind es to-

---

discussions of images. Some might also apply to the more limited class of diagrams [...] my aim was not to explain representation by appealing to similarity. Instead, I have taken for granted that diagrams are representations and have then focused on ways in which they are similar to their objects" (53).

[75] Auch mit Peirce kann die Karte als geradezu prototypisches Diagramm verstanden werden (z.B. in Ernst: 201); dass auch eine gattungsgenealogische Beziehung zwischen Landkarte und Diagramm besteht, kann an dem schottischen Wirtschaftswissenschaftler William Playfair nachgewiesen werden, der zusammen mit J. H. Lambert als Erfinder des Achsen-Graphen im heutigen Sinne gilt. Playfair bezeichnete seine zeitlich-quantitativen Darstellungen von Wirtschaftsströmen 1786 explizit als ‚Karten von Zusammenhängen', welche für den Einfall Pate und Modell standen: „The charts [possess] the same exactness that a square inch upon a map may represent a square mile of a country" (vgl. Tufte: 43 f.).

[76] Jede Karte besitzt auch kontingente Elemente, die für den Gebrauch bedeutungslos sind. Beides zusammen bildet ein *Schema*, was im nächsten Abschnitt genauer untersucht werden wird.

[77] Gemeint ist: Jedes Strukturelement der Karte hat eine Entsprechung in der Struktur, auf die sie sich bezieht (naiv gesagt: der Welt). Gälte dies auch reflexiv, könnte man von *Isomorphie* sprechen. Letzteres ist selbstredend nur dort möglich, wo bereits eine (auf distinkte Elemente reduzierte) strukturierte ‚Welt' als Ausgangspunkt fungiert. Eine genauere Betrachtung dieser Frage wird in 4.2.3 anzustellen sein.

pologisch-geographische Relationen, die im Diagramm anschaulich werden. In jedem Atlas gibt es aber auch verschiedene Karten zum gleichen Gebiet, auf denen ökonomische, soziale oder metereologische Strukturen – gerade *nicht* wahrnehmbare! – mit der topographischen Repräsentation überlagert werden. Selbst eine ‚rein' topographische Karte muss jedoch nach bestimmten Kriterien selektieren. Nicht nur insofern, als dass gerade eine Komplexitätsreduktion die Karte überhaupt erst nutzbar macht;[78] die Auswahl der Kriterien hat zudem immer ideologische oder zumindest weltbildende Funktion (etwa in der Frage, ob Kirchen im Plan verzeichnet sind, Moscheen vielleicht aber nicht?). Insofern entwirft jede diagrammatische Darstellung eine Theorie über ihren Gegenstand. „Diagrammatische Ikonizität ist daher nicht abbildende, sondern *entwerfende Ähnlichkeit*" (Bauer/Ernst: 44)[79] Um dem terminologisch Rechnung zu tragen, unterscheiden Bauer und Ernst (wie zahlreiche andere auch) zwischen Objekt und Referent:

> Das Objekt ist der Gegenstand, so wie er durch eine diagrammatische Zeichenkonfiguration für ein Bewusstsein dar- bzw. vorgestellt wird – im Unterschied zu dem Gegenstand der Erfahrungswelt, der mit dieser Gestalt identifiziert wird (ebd.: 45).

Unterschiedliche Karten desselben Territoriums (Referenten) generieren somit verschiedene Objekte.[80] Wenn in die Konstitution des Objekts nicht nur sinnlich wahrnehmbare Strukturen einfließen, dann können die zueinander in Bezug gesetzten Wissensbestände auf sehr unterschiedlichen ontologischen, funktionalen oder kognitiven Ebenen angesiedelt sein. Das macht unsere Minimal-Definition diagrammatischer Ikonizität weit auf und lässt zahlreiche heterogene Repräsentationsformen zu: Eine Explosionszeichnung eines techni-

---

[78] Überspitzte Beispiele für Karten, die ihrem Territorium zu sehr ähneln, lassen sich in der Literatur etwa bei Jorge Luis Borges oder Italo Calvino finden. „A map as the one described [...] by Borges, which is so wide that it coincides point by point with reality, is maybe perfect but it has a defect: it is completely useless" (Giardino: 152).

[79] Der konstruktive Aspekt des Diagramms wird in 4.3.1 noch ausführlich zu untersuchen sein. Hier sollen nur Grundgedanken klar gemacht werden, um brauchbare Arbeits-Begriffe vorzuschlagen.

[80] Damit wird noch einmal darauf hingewiesen, dass eine Peirce'sche Semiotik keinesfalls mit Denotation von realweltlichen Referenzen gleichzusetzen ist, welche hier kaum eine Rolle spielen wird: Objekte sind Relata in einem mentalen Schlussprozess.

schen Bauplans ist so ebenfalls ein ‚Diagramm' wie ein Graph von einem Börsenkurs, der Schaltplan eines Computers, Populationskurven, Torten-Darstellungen von Sitzverhältnissen im Bundestag, EKG-Scans von Hirnströmen – oder eben die Landkarte. Nicht allein deswegen aber ist das Diagramm für Peirce „die für ihn wichtigste Gruppe ikonischer Zeichen" (Hoffmann: 55). In der (nach wie vor engen) Definition als Klasse von spatial-topographischen Zeichenkonfigurationen[81] ist das Diagramm nicht eindeutig zum Bild hin abgrenzbar und somit für die Vorstellung von Ikonizität überhaupt maßgeblich. Um dies zu illustrieren und dabei einer großen Menge diagrammatischer Phänomene begrifflich Herr zu werden, bedarf es eines Vokabulars, das Differenzierungen in der Art der jeweiligen Repräsentation zu treffen weiß, ohne dabei ontologische Urteile über ‚Bildlichkeit' und ‚Visualität' an sich treffen zu wollen.

‚Repräsentation' soll in einer minimaler Definition verstanden werden als ein Triple aus „(i) a represented world (‚object', ‚target'), (ii) a representing world (‚representing vehicle', ‚sign', ‚source'), and (iii) a mapping between the worlds" (Wöpking: 41).[82] Damit kommt dem *mapping* die Schlüsselfunktion zu, einige der Elemente der einen Struktur (des Repräsentamens) ganz oder teilweise Elementen der anderen Struktur (seines Objekts) zuzuordnen (vgl. ebd.).[83] Da niemals alle Elemente einer ‚Welt' oder Struktur dargestellt werden können und für gewöhnlich niemals alle Elemente der Darstellung für ihre Funktion (darzustellen) relevant sind, handelt es sich bei dem *mapping* um eine stufenlose Skala von größtmöglicher Motiviertheit zu größtmöglicher Kontin-

---

[81] Ein davon verschiedener Diagramm-Begriff wird in 3.3 untersucht werden.

[82] Wöpking vermeidet das Problem der realweltlichen Referenz hier ebenso, wie es diese Untersuchung mit der Unterscheidung in Objekt/Referenz tut (vgl. Bauer/Ernst: 54): „Instead of ‚worlds' one could also speak of situations, domains or structures. A world is just a complex, structured entity, consisting in elements, properties of the elements and relations of the elements" (Wöpking: 41).

[83] Der Interpretant wird hier, wie zuvor vorgeschlagen, vereinfachend ausgeblendet. Streng genommen lassen sich stets nur Interpretanten erfassen, welche somit selbst wieder zum Objekt neuer Interpretantenbildung werden müssen. Wenn hier von ‚Objekt' die Rede ist, soll dies als annähernde Asymptote einer infiniten Interpretantenkette verstanden werden, die das konstatierte ‚Objekt' aber streng genommen nie ganz erreichen wird.

genz der Elemente. Der Bildwissenschaftler William J.T. Mitchell zeigt, wie eine solche Skalierung vom Spiegel (als getreulichster ‚Wiedergabe' der wahrnehmbaren Realität,[84] also: der größtmöglichen Motiviertheit) über Fotos, Gemälde, Zeichnungen, Skizzen, bis zu Karten und zum Graphen schrittweise von Determination wegführt, was sich (auch) durch zunehmende Komplexitätsreduktion und Abstraktionssteigerung auszeichnet. Dabei handelt es sich ersichtlich um eine graduelle Reduktion, keine kategoriale. Eine Umrisszeichnung eines Pferdes scheint zwar zunächst eindeutig auf Seiten des *images* zu liegen, insofern hier eine optische Wahrnehmung repräsentiert wird (keine kognitive Relation, die für gewöhnlich der Anschaulichkeit entzogenen ist). Andererseits ist eine Umrisslinie gerade *nichts*, was ein echtes Pferd besitzt, während die (hypothetische) Zeichnung *alleine* daraus besteht (vgl. Eco 1972: 209). Insofern bildet sie durchaus *ausschließlich* Relationen ab, nämlich die Größe des Kopfes zum Körper, den Schwung des Halses zu dem des Rückens etc. – kein Element jedoch, das in der abgebildeten Weise wahrnehmbar wäre. Das Pferd stellt somit ebenso ein Diagramm dar. Genau das ist das Problem an Differenzierung zwischen „*first order representations*" und „*second order representations*";[85] wenn *first order representations* physikalische Eigenschaften darstellen (im Gegensatz zu ‚strukturellen'), so ergibt sich das Problem, dass auch „physical properties" nicht vorgängig gegeben, sondern als epistemische Dinge identifiziert und problematisiert werden müssen. Wenn stets Identifikation, Selektion und Isolierung auch der Thematisierung physikalischer Eigenschaften vorausgeht, dann handelt es sich um einen Abstraktionsvorgang, der den Übergang zum ‚*second order*' Strukturbild fließend werden lässt. Stellen die Strichmännchen von *XKCD* in Abbildung 2 (2.2.2) die ‚Struktur' eines Menschen dar, die Relationen seiner Extremitäten untereinander, oder handelt es sich um eine abstrahierte Version perzeptueller und physikalischer *first order*-Wahrnehmungen?[86]

---

[84] Dass auch ein Realitätsabgleich Indizes irgendwelcher Art am Original benötigt und die Frage damit in einen Regress gerät, wird in 4.2.2 interessieren.

[85] Wie sie etwa Gerard O´Brien und Jon Opie vorschlagen (9).

[86] Selbst das naturalistischste Ölgemälde enthält ebenfalls Relationen, es weist darüber hinaus bloß zahlreiche andere Informationen auf, die in einer abstrakten Linien-Darstellung kontin-

Die letztendliche Unentscheidbarkeit derartiger Spekulationen über den ontologischen Status der repräsentierten ‚Welten' empfiehlt erneut, in der weiteren Arbeit von solchen Urteilen abzusehen. Stattdessen werden sich die folgenden Untersuchungen auf eine funktionale Beschreibung des *mappings* selbst fokussieren. Denn klar sein dürfte, dass jedes Bild aus der Summe der möglichen perzeptiven Eigenschaften seines Gegenstands einige auswählt, andere weglässt, selektiert. Da es sich dabei stets um eine Komplexitäts-Reduktion handelt, die nach bestimmten Gewichtungen verfährt,[87] sind es jene vermittelnden Kriterien *zwischen* Bild und Gegenstand, welche die Ikonizität charakterisieren. Im *Erkennen* einer Ähnlichkeit sieht Peirce daher wiederum bereits einen *Schluss*, der Repräsentamen und Objekt in einen gemeinsamen Bezug stellt. „Two objects are only *regarded* as similiar if they are compared and brought together in the mind" (Peirce nach Halawa: 154).

3.2.2. Syntaktische Schemata der Repräsentation

In diesem Sinne lässt sich als Arbeitsgrundlage ein Anschluss an die einflussreiche Symboltheorie Nelson Goodmans finden,[88] mit der sich verschiedene Zeichensysteme formal und funktional klassifizieren lassen, ohne nach Referenz *oder* Objekt zu fragen. Die Frage, ob das Repräsentierte der *world* (Struktur) des Wahrnehmbaren oder der des Kognitiven angehört, bleibt so einge-

---

gent wären (etwa Farbe der Linien, ihre Stärke, Hintergrund-Schattierungen etc.) „All pictures, also in the ordinary art-history-meaning of the word, are also diagrams" (Stjernfelt nach Bauer/Ernst: 226). Oft wird damit aber die semantische Dimension bezeichnet, die über die hier angesprochene Repräsentation *sichtbarer* Relationen hinausgeht. Inwiefern Gemälde Diagramme darstellen: vgl. Bauer/Ernst: 222 ff.. Da *XKCD*-Diagramme fast ausschließlich Schemata von geringer Fülle verwenden (im Sinne der Begrifflichkeiten Goodmans, die nun etabliert werden sollen), wird auf eine weitere Thematisierung ‚annähernd voller' *images* verzichtet.

[87] Und seien diese auch photochemischer Natur, wie bei der Kamera.

[88] Erhebliche Differenzen zwischen dem Nominalisten Goodman und dem als Realisten verstandenen Peirce, der vor allem in seiner Kategorienlehre von einer unhintergehbar existenten Wirklichkeit ausgeht, sollen nicht unterschlagen werden. Mit Bauer und Ernst wird aber hier der Ansatz vertreten, dass Anschlussstellen im Fokus dieser Untersuchung sich geradezu anbieten: „Vielmehr treffen sich ihre Gedanken [Goodmans und Peirces – L.W.] gerade dort, wo es um zentrale semiologische und medienphilosophische Fragen geht" (83).

klammert. Goodman konzentriert sich zunächst auf das *Schema*, die Organisation und Unterscheidbarkeit der Elemente des Repräsentamens voneinander,[89] bestehend aus Marken, Inskriptionen und Charakteren:

> Marken sind alle potentiellen Zeichenträger, vom amorphen Tintenklecks bis zum makellosen Druckbuchstaben. Eine Inskription ist eine Marke [...] dagegen nur dann, wenn sie zu einem sogenannten Charakter, einer bestimmten Klasse gehört. Beispielsweise ist eine bestimmte Linie nur dann die Inskription eines Buchstabens, wenn sie zu einer Klasse gleichwertiger Marken gehört, zu einem Charakter (Scholz: 111).

Damit ist ausgesagt, was in einem Schema *nicht* bedeutungstragend ist: Marken, die keinem Charakter zuzuordnen sind, sind im Sinne der pragmatischen Maxime hinfällig.[90] Eine der wichtigsten Terminologien, die Goodman einführen und erfolgreich etablieren konnte, ist die Unterscheidung zwischen *analogen* und *digitalen* Systemen. Damit ein Schema als digital gilt, muss es die Erfordernisse der Disjunktivität und der endlichen Differenzierbarkeit erfüllen. Ersteres meint, dass keine Marken (jedes materielle und sichtbare Element) Inskriptionen von mehr als einem Charakter (einer bedeutungstragenden Klasse von Artikulationen) sind. Ein Exemplar des Buchstabens „a“ darf somit nicht auch (gleichzeitig) als „d“ fungieren können. Die Differenzierbarkeit hingegen bezieht sich auf die Charaktere, die relevanten Klassen von bedeutungstragenden Artikulationen, untereinander: „Ein Schema ist syntaktisch dicht [also *nicht* endlich differenzierbar – L.W.], wenn es unendlich viele Charaktere bereitstellt, die so geordnet sind, dass es zwischen jeweils zweien immer ein drittes gibt“ (Goodman 1997: 133). Syntaktisch dichte Systeme[91], wie

[89] Tatsächlich unterscheidet Goodman eine syntaktische Ebene von Symbolschemata von einer semantischen Ebene aus ‚Bedeutungen' (vgl. 1997: 76): „Ein Symbolsystem besteht aus einem Symbolschema, das mit einem Bezugnahmegebiet korreliert wird" (ebd.: 139). Hier wird aber vor allem die syntaktische Ebene – und das *mapping* zwischen beiden – im Vordergrund stehen.

[90] In *America* sind derlei kontingente Marken freilich schwerlich zu finden: Fast jedes Element lässt sich als Inskription verstehen. Ausgenommen wären kleine ‚Ausschläge' der unscharf gezogenen Linien, die tatsächlich keinem Charakter des Schemas entsprechen.

[91] Mit ‚System' meint Goodman stets beides: die syntaktische Seite des Schemas, die semantische Seite des Bezugnahmegebiets, sowie ihr *mapping* untereinander. Damit somit ein *Sys-*

etwa ein klassisches Gemälde eines darstellt, sind nicht in distinkte bedeutungstragende Einheiten zerlegbar, wie es die Buchstaben in der Schrift sind: In einem Gemälde kann zwischen jeden zwei Punkten ein drittes (relevantes) Element bestehen, sie sind daher als dicht beschreibbar. „Syntaktische Disjunktheit und Differenziertheit besagen zusammen, dass sich die Klassen von Inskriptionen, die einem Charakter entsprechen, anschaulich ausgedrückt weder überlappen noch ineinander übergehen" (Scholz: 118). Ist beides der Fall, so ist das Schema digital; ist beides nicht der Fall, spricht man von analogen Schemata (vgl. Goodman 1997: 154). ‚Vollkommen' analoge wie digitale Schemata sind dabei nur ein Grenzwert: „Wenn nur durch und durch dichte Systeme analog und nur durch und durch differenzierte digital sind, dann gehören viele Systeme keinem der beiden Typen an" (ebd.: 156). Ein Beispiel macht deutlich, welche wichtige Rolle das *mapping* für diese Einordnung spielt, da allein aus der Betrachtung des Repräsentamens noch keine Aussage über dessen (potentielle) Analogizität hervorgeht:

> Wenn zum Beispiel Zahlen auf einem Barogramm oder Seismogramm bestimmte Punkte anzeigen, durch die die Kurve hindurchgeht, und doch jeder Punkt auf der Kurve ein Charakter mit eigener Denotation ist, dann ist das Diagramm rein analog beziehungsweise *graphisch*. Wenn aber die Kurve auf einem Schaubild, das die jährliche Autoproduktion während eines Jahrzehnts zeigt, lediglich die einzelnen, mit Zahlen versehenen Punkte verbindet, um den Trend hervorzuheben, dann sind die dazwischen liegenden Punkte auf der Kurve keine Charaktere des Schemas, und das Diagramm ist rein digital (ebd.: 163).

Hinzu kommt aber ein Weiteres. Denn während sich zwischen dichten und artikulierten (endlich differenzierten) Schemata zumindest theoretisch eine Trennlinie definieren lässt, nennt Goodman eine weitere Eigenschaft, bei der dies nicht der Fall ist: die *Fülle*, auch innerhalb analoger Schemata. Sowohl ein Gemälde, als auch ein Diagramm kann dicht sein, sofern jeder (denkbare) Bildpunkt – jede Marke (etwa einer Kurve) – mit einem bedeutungstragenden Charakter korreliert. Dennoch wird das Diagramm einige seiner Eigenschaften als kontingent ausschließen: „Die Dicke der Linie, ihre Farbe und Intensi-

tem dicht ist (nicht nur ein *Schema*), muss dies auch für die Anordnung aus ‚Erfüllungsobjekten' zutreffen, die mit den Charakteren und Inskriptionen korrelieren (vgl. 1997: 154).

tät, die absolute Größe des Diagramms etc. spielen keine Rolle" (ebd.: 212). Doch auch bei einem Gemälde ist nicht jede mögliche materielle Eigenschaft relevant, oft spielt z.B. Dicke und Gewicht der Leinwand keine Rolle für die übliche Funktion des Bildes.[92] Der Blickwinkel auf Fülle lässt sich also auch umdrehen: Man kann aus der gegensätzlichen Perspektive nach *kontingenten* Eigenschaften suchen, die die Funktion des Repräsentamens bei Variation nicht verändern. In digitalen Systemen, wie Partituren oder der Schrift, gibt es üblicherweise unzählige Kontingenzen, vom Schrifttyp über Schriftgröße bis zu Zeilenabstand und Seitenlänge, die die Zuordnung von Marke zu Charakter nicht betreffen; in den meisten Fällen würden wir vom ‚selben Text' reden, selbst wenn diese Variablen geändert würden. Bei einem Gemälde wären solche Variationen aufgrund einer höheren Fülle nicht möglich, da prinzipiell jeder Bildpunkt (jede Marke) in prinzipiell all seinen Eigenschaften motiviert, konstitutiv ist. Es gibt hier keine strenge Aufteilung in kontingente und konstitutive Merkmale. Das Schema ist somit analog und relativ voll, da mögliche Bedeutung (die semantische Ebene) in *kontinuierlicher Korrelation* (vgl. Scholz 126) mit den Charakteren der Darstellung (der syntaktischen Ebene) steht.[93] Ohne methodische Gewalt lässt sich dies auf die Frage nach Ikonizität rückübersetzen: je ikonischer ein Darstellungssystem (sein Schema) nach diesem Verständnis wird, je analoger und voller also, desto mehr seiner Eigenschaften werden für das *mapping* der dargestellten *world* relevant. „An icon is specific and resembles its denotation in some, but not all, aspects, some properties might be mistakenly thought to be representing facts" (Shin: 30). Oft sind diese Eigenschaften nicht explizit definiert, woher ein großer Teil der Skepsis gegenüber graphische Repräsentationssysteme rührt:

> The existence of accidental properties is directly related to the traditional complaint against the use of diagrams in a proof. […] Therefore, it has been said that a diagram

[92] Vielleicht aber beim Wechsel der Funktion, etwa bei einer Versteigerung. Goodman beschreibt keine einzelne ‚Welt', sondern gerade die Kontingenz zahlreicher möglicher ‚Welten' durch und in Interaktion mit Zeichenkonfigurationen.

[93] „Eine kleine Veränderung in dem Symbol in einer Hinsicht ‚bedeutet' eine kleine Änderung des Dargestellten in einer (nicht notwendig derselben) Hinsicht" (ebd.). Gerade das trifft freilich bei Diagrammen häufig nicht zu, wenn eine Markierung links oder rechts einer Demarkationslinie einen *nicht*-kontinuierlichen Unterschied erzeugt.

misleads us into fallacies, since it emphazises wrong aspects of reality we are reasoning about. We can now specify what these „wrong" aspects are. They are the properties which are not representing facts, and from which, therefore, one should not read off represented facts (ebd.: 29).

Nun wird die kulturelle Funktion von Diagrammen deutlicher, die auf syntaktischer Ebene darin besteht, zwischen vollkommen analogen und vollkommen digitalen Schemata[94] zu übersetzen: Gegenüber einem Bild (*image*) schließen diagrammatische Symbolsysteme einige der konstitutiven Merkmale aus, sie reduzieren die Fülle und übersetzen Dichte in Richtung Differenziertheit (vgl. Bauer/Ernst: 98). Während die Linienfarbe in Achsendiagrammen (Börsenkurse, Populationskurven etc.) kontingent sein kann, ist sie es auf Landkarten oft nicht, rote Linien können für Ländergrenzen stehen, grüne für Höhengrade.

Mit Goodman ist also nicht die Art der Referenz auf ein Bezugsobjekt [oder die Art des Objekts selbst – L.W.] das definierende Kriterium von Diagrammen (sein Grad an „Ähnlichkeit") sondern die Art der Symbolisierung durch die Eigenschaften des Darstellungssystems (ebd.: 97).

3.2.3. Schlussfolgerungen: Ikonizität #1

Aus der syntaktischen Skalierung des Schemas lässt sich zweierlei ableiten: Erstens ist der Übergang vom Bild zur Schrift – und der Ikonizität beider – tatsächlich fließend. „Vielmehr illustriert das Diagramm, dass es zwischen analogen und digitalen Symbolsystemen Übergänge und Übersetzungsbewegungen gibt" (ebd.: 98). Stephan Günzel erweitert daher auch Mitchells zuvor angeführte Skala (vom Spiegelbild zum Diagramm) ‚nach unten': zunächst um Tabellen-Auflistungen, welche Informationen zwar vollständig distinkt und disjunkt, aber immer noch räumlich-spatial angeordnet übermitteln – und schließlich um die Schrift, welche über noch mehr Kontingenz verfügt, da

[94] Beides sind hypothetische Grenzwerte. Bild und Text formen keinesfalls so eindeutig die Endpunkte des Spektrums und können je nach Gebrauch in ihren konstitutiven Eigenschaften variieren.

auch die spatiale Anordnung hier nicht mehr relevant ist (vgl. Günzel: 131).[95] „Zeichen unterscheiden sich demnach anhand von Funktionalitäten, die sich wiederum von Determiniertheit ableiten" (Halawa: 77). Verschiedene diagrammatische Darstellungen lassen sich nun (unter vorläufiger Vernachlässigung jeglicher Referenz) präziser untersuchen, indem ihr Grad an Motiviertheit (zu Kontingenz) zur Unterscheidung herangezogen wird:

> Bei einem analogen Instrument werden wir nicht durch eine willkürliche untere Unterscheidungsgrenze in Schranken gehalten; die einzige Grenze für den Feinheitsgrad unseres Ablesens liegt in der (sich verändernden) Grenze, die unserer Genauigkeit in der Bestimmung zum Beispiel der Zeigerposition gesetzt ist (Goodman 1997: 155).

In einer Landkarte etwa ist die Relation zwischen je zwei Punkten in vollkommen analoger Weise motiviert (konstitutiv), es lassen sich keine kleinsten digitalen Einheiten ausmachen (Farbwerte hingegen werden hier oft disjunkt und endlich differenziert eingesetzt,[96] anders als in den analogen Farbübergängen der Malerei oder der Fotografie). Anders schon bei einem U-Bahn-Plan, der zwar ebenfalls Relationen zwischen Orten markiert, die nicht beliebig ausgetauscht werden können. Hier jedoch lassen sich aus den abgebildeten Relationen keine Rückschlüsse auf tatsächliche Entfernungen und Weg-Gestalten anstellen, wohl aber auf die (lineare) Anreihung der verschiedenen Bahnhöfe untereinander. Bei der Verbindung eines Bahnhofs zum nächsten handelt es sich um eine digitale Einheit, deren *mapping* keine kontinuierliche Korrelation zu einem Bezugnahmegebiet unterhält. Eine *Flow-Chart* wiederum nutzt zwar

---

[95] Natürlich kann sie das durchaus auch sein: Sybille Krämer bemüht sich beispielsweise explizit darum, mit dem Begriff der ‚Schriftbildlichkeit' zu zeigen, dass *gerade* die Möglichkeit zur spatialen Strukturierung eines Textes durch Überschriften, Fußnoten, Seitenausrichtung etc., eine der wesentlichen kulturellen Leistungen der Schrift gegenüber der Verbalsprache ist (vgl. 2003). Colin A. Gurr merkt an, dass eine Schrift, die gänzlich auf Räumlichkeit verzichten wolle, auch jegliches Layout, Font-Größe, Schrifttyp und Zeilenumbrüche preisgeben müsse (321). Die Beschreibung der Schrift als *linear* darf daher allein als pragmatische Annäherung an ihre meistgenutzte Funktion gesehen werden, nicht als vollständige oder gar substantielle Erfassung der Möglichkeiten von Schriftlichkeit überhaupt.

[96] Was nicht gleichzusetzen ist: „Die syntaktischen Erfordernisse der Disjunktivität und der endlichen Differenziertheit sind ersichtlich unabhängig voneinander" (Goodman 1997: 134). Wären die Farben nicht disjunkt, ließen sie sich nicht eindeutig den verschiedenen Farb-Typen in der Legende zuordnen (wie es in schlechten Schwarzweiß-Kopien der Fall ist). Mangelnde Differenziertheit hingegen liegt vor, wenn die Legende bereits fließende Übergänge anbietet.

immer noch die Spatialität der Seite mehr als die Schrift, tut dies aber lediglich, um nicht-lineare Differenzierungsmöglichkeiten zu realisieren (wohingegen die topographische Position auf der Fläche, die Ausrichtung der Teile untereinander, vollkommen kontingent ist).[97] Die Peirce'sche Antwort auf die Ikonizitäts-Frage lässt sich so (in den eingeführten Goodman'schen Termini) mit der Formel auf den Punkt bringen, dass ein Repräsentamen umso ikonischer ist, je größer Analogizität und Fülle seines Schemas ausfällt. „where exactly this kind of ‚similarity' is to be located is a question of degree, not of kind" (Wöpking: 46). Bauer und Ernst ziehen daraus eine andere Pointe, die hier als Fazit dieser Herleitung gelten kann: Ikonizität ist *gerade keine* Frage von abbildender Ähnlichkeit, also „keine Frage eines Identitätsverhältnisses zwischen Zeichen und Objekt, sondern eine Frage der Skalierung von Differenzverhältnissen zwischen Zeichen und Objekt" (42). Anders gesagt: ‚Ähnlichkeit' ist ein Grenzfall in einem weiten Spektrum an Relationalität, welche durch ein *mapping* geregelt wird. ‚Optimale Ikonizität' taucht hier nur als Fluchtpunkt an größtmöglicher Motiviertheit auf, der nicht erreicht werden kann.

Zweitens sieht man daraus aber, dass die Ikonizität nicht allein im materiellen Bestand des Zeichens liegt, sondern auch in unserem gelernten Wissen[98], wie wir es verwenden können. Das gilt bereits für die scheinbar intuitiv beherrschbare Landkarte.[99] Nur wenn wir *wissen*, dass auf der U-Bahn-Karte die

---

[97] Astrid Schmidt-Burkhardt unterscheidet deswegen auch *räumliche* Strukturen (Karte) von *differenziellen* (*Flow-Chart*): Letztere nutzen die Spatialität lediglich zu solchen nicht-linearen Markierungs-Unterschieden (182). Dies impliziert aber wieder eine dichotome Opposition, die aufgrund der skalierten Übergänge nicht stichhaltig ist.

[98] Diese Wissensbestände können auf sehr unterschiedlichen Ebenen liegen. Goodman unterscheidet etwa zwischen ‚Notationssystemen' als spezieller Klasse von ‚Symbolsystemen'. Sie zeichnen sich dadurch aus, dass die ‚Regeln' hier explizit verfügbar sind, was von zahlreichen ästhetischen Systemen wie Musik, Tanz und Gemälden nicht gesagt werden kann (1997: 125 ff.). Andererseits sind die Bedeutungszuschreibungen hier, wenn auch höchst subjektiv, historisch kontingent und nur implizit erlernbar, doch auch hier nicht vollständig beliebig.

[99] Um sie benutzen zu können, müssen wir mindestens wissen, dass sie sich a) auf ein Gebiet außerhalb ihrer selbst bezieht, zu dem b) die Elemente auf der Karte in Korrelation stehen, dass wir uns c) selbst indexikalisch in der Karte verorten können, und dass wir uns deswegen d) Ziele auf der Karte aussuchen können, zu denen wir gelangen wollen (vgl. Giardino: 151). Die Fähigkeiten zur Benutzung sind keinesfalls anthropologische Konstanten, sondern eine

Entfernungen zwischen zwei Knotenpunkten nicht den Strecken entsprechen, die sie repräsentieren, können wir praktikable Schlüsse ziehen.

Das gleiche Repräsentamen kann somit völlig unterschiedliche Verwendung finden, abhängig von den ‚Regeln' des jeweiligen (Goodman'schen) Systems, also der angenommenen Dichte, Differenziertheit und Fülle. Bauer und Ernst bringen dies auf die Formel, „ein Ikon ist vielmehr eine in sich schlüssige Regel, mittels derer man sich ein Bild von dem Objekt machen kann" (Bauer/Ernst: 43).[100] Ein letztes Beispiel soll dies zuspitzen: Zwei ovale Kreise, die nebeneinander auf einer Papierseite zu sehen sind, können ‚ikonisch' (im landläufigen Sinne) als perzeptive ‚Abbildungen' von zwei Eiern verstanden werden (analog, dicht, relativ voll und vollkommen undifferenziert), etwas weniger anlog als zwei sich nicht überschneidende Venn- (oder Euler-) Diagrammkreise[101]; sowie vollkommen disjunkt, differenziert und digital als Exemplare der Ziffer Null (vgl. Scholz: 103). „Ein und dasselbe Gebilde kann als Zeichen in verschiedenen Systemen behandelt werden" (ebd.: 122). Die

erlernte Praxen. Tatsächlich darf man darüber streiten, wo das Eine beginnt und das Andere aufhört. Einerseits weißt z.B. Giardino darauf hin, dass auch in völlig anderen Kulturkreisen sozialisierte Ureinwohner problemlos in der Lage sein sollen, mit unseren Kartentypen zu operieren und damit Probleme zu lösen (vgl. 149). Andererseits zeigen aber etwa die Studien von Michael Lackner zur Verwendung von Diagrammen im mittelalterlichen China, dass diese dort ganz andere kognitive Funktionen (die Memorierung anderswo gegebener Texte) erfüllen (nach Bauer/Ernst: 37). Für den Kunsthistoriker Andreas Gormans überwiegt diese Funktion auch in westlichen Kosmologie-Diagrammen des Mittelalters (vgl. 52 f.). Unser fraglicher Typ operativer Darstellungen ist wohl keinesfalls aufgrund einer (ohnehin wenig plausiblen) ‚Natürlichkeit' gegeben.

[100] Die Frage, ob das so gemachte ‚Bild' wörtlich oder metaphorisch verstanden werden soll, kann nicht generalisierend beantwortet werden. Auf welchen perzeptiven, strukturellen oder konzeptuellen Ebenen die Thesen liegen, die anhand eines geregelten *mappings* gewonnen werden können, kann sich im jeweils individuellen Gebrauch mit dem Zeichenbestand entscheiden.

[101] Wie voll das Schema hier tatsächlich ist, hängt von den relevanten Unterscheidungsmöglichkeiten ab. Kennt mein so etabliertes Diagramm nur Inklusion und Exklusion, so wäre es ebenso disjunkt, differenziert und (kaum) voll wie ein Schriftsystem; anders, wenn der tatsächliche Umfang und der Abstand der Kreise zueinander die zu repräsentierenden Mengen-Größen und -Relationen *mappen* – Kontingenz und Fülle des Schemas gingen zurück. In beiden Fällen jedoch besteht ein Unterschied zu Schriftsystemen in der *Intrinsität* (vs. Extrinsität) der repräsentierten Relationen, worauf im kommenden Kapitel einzugehen ist.

jeweils vereinbarte mediale Zeichenkonfiguration entscheidet somit (auch) über den Grad an Ikonizität.

So hilfreich solch eine erste syntaktische Einordnung auch ist: Nachdem schriftsprachliche Systeme einmal als (syntaktisch![102]) digital und disjunkt bestimmt wurden, bleibt ihr Vermögen zur Relationierung nur in Bereichen zu suchen, welche deutlich außerhalb des medial zugänglichen Untersuchungsgegenstands liegen. Dies betrifft etwa Ecos Beispielsatz „Tagungen sind wie Schlafmittel“, in dem eine Korrelation allenfalls in einem behaupteten *tertium comparationis* besteht, etwa: ‚Beides macht müde‘. Da dieses *tertium* sich materiell nirgendwo verorten lässt (es liegt auf der semantischen Seite des Symbolsystems), wie soll es als vollkommen immaterielle Größe in unsere Bestimmung des Relationsverhältnisses einfließen? Zwar ist das Ziel dieser Arbeit keinesfalls, daran soll erinnert werden, eine umfassende Theorie der Ikonizität bereit zu stellen, mit der sich etwa die Metapher integrieren ließe. Allerdings scheint ein relationierendes *tertium* auch im Falle des Diagramms *America* eine Rolle zu spielen, das zwei disparate Größen unter einem ebensolchen Vergleichs-Aspekt gegenüberstellt. Dass das *tertium*, unter dem die Staatsgründung Amerikas und der Hasenangriff auf Carter hier in Bezug gesetzt werden (vor dem etwa der *civil war* nicht auftaucht), noch deutlich vager und unbestimmter bleibt als im Falle ‚Tagungen/Schlafmittel‘ scheint die Problematik noch zu verschärfen. Dennoch liegen die ‚Ähnlichkeiten‘, die der Witz bei Wirth zueinander in Bezug setzt, auf eben jener semantischen Ebene.

Damit ergibt sich eine doppelte Schwierigkeit: Einerseits führt die Frage der Funktion semantischer oder lexikalischer Ähnlichkeit (etwa der Metapher) viel zu weit. Andererseits fordert die Verwendung des Diagramms einen Zugang, der über die syntaktische Bestimmung des Zeichenbestands hinausgeht. Ein Weg, dieser doppelten Frontstellung zu begegnen, liegt in einer Vertiefung des Peirce'schen Verständnisses von Diagrammatik. Einerseits nämlich führt die bislang vorgenommene syntaktische Analyse nur zu einer unvollständigen

[102] Tatsächlich ist die semantische Korrelation der Charaktere – hier: Wörter – mit ihren ‚Erfüllungsobjekten‘ dicht und undifferenziert (vgl. Goodman 1997: 154).

Vorstellung von Ikonizität im Peirce'schen Sinne. Andererseits macht sie kaum klar, worin die Handlungs-Dimension, die Pragmatik des Ikonischen besteht. Genau hierin liegt aber der Schlüssel, den Umgang mit komplexen Diagrammen beschreiben zu können, gerade ohne sich zu Urteilen über die tatsächliche Beschaffenheit von ‚metaphorischer Ikonizität' hinreißen zu lassen. Wohl aber wird es möglich sein anzugeben, was sich mit der Relation, welche in *America* erzeugt wird, tun lässt (oder nicht tun lässt). Da die Diagrammatik des späteren Peirce Ikonizität und Pragmatik von vorneherein zusammen denkt, können so einerseits die angestellten Überlegungen zur ‚Ähnlichkeit' präzisiert werden, andererseits aber der Anschluss an Wirths Handlungskonzept der Aufwands-Differenz aus Kapitel 2 zurückgefunden werden. Es gilt daher, den Begriff des Diagramms mit Peirce weiter zu fassen, als lediglich der Bestimmung einer Klasse von Darstellungen. Dazu muss die syntaktische Seite des Repräsentamens verlassen werden und ein Blick auf die Relationalität dessen gerichtet werden, worüber uns ein ‚Diagramm'[103] – in Verwendung – Aufschluss gibt.

3.3. Operative Ikonizität: Diagrammatik als Verfahren

3.3.1. Extrinsische und intrinsische Relationen

Der Begriff des Diagramms und des damit verbundenen ‚diagrammatic reasoning' wird oft im Gegensatz zu sprachlichen und algebraischen Repräsentationsformen verwendet.[104] „Als positive Bestimmung bleibt dann nur die recht vage Aussage übrig, dass Diagramme eine Art ‚Bilder' seien" (Hoffmann: 126).[105] Um aber zentrale Fehlschlüsse zu vermeiden, muss ein wesent-

[103] In Anführungszeichen, weil der bisherige Diagramm-Begriff als ikonische Zeichenklasse gerade zu kurz greifen wird.

[104] Zum Beispiel in Chandrasekarans Tagungs-Band *Diagrammatic Reasoning* (xxii).

[105] Die ‚Anschaulichkeit' diagrammatischen Schlussfolgerns bestünde nach einer solchen Auffassung zwangsläufig in der Postulierung ‚mentaler Bilder', ‚interner, bildhafter Repräsentationen'. Obgleich kognitive Bilder von zahlreichen Kognitionswissenschaftlern behauptet werden (vgl. Shin: 5-7), sind sie nach dem hier vertretenen Verständnis weder notwendig noch unproblematisch. Stjernfelt demonstriert am Umgang mit geometrischen Figuren, warum alle Fragen des anschaulichen Schlussfolgerns durch die Postulierung ‚innerer Figuren'

lich weiterer Diagramm-Begriff Peirces nachvollzogen werden, vor dem jede Art des regelgeleiteten Schlussfolgerns eine diagrammatische – das aber bedeutet auch: ikonische – Dimension erhält.

> All necessary reasoning is diagrammatic; and the assurance furnished by all other reasoning must be based upon necessary reasoning. In this sense, all reasoning depends directly or indirectly upon diagrams (Shin: 19).

Nach den bisherigen Überlegungen wird dies für ein weites Spektrum von diagrammatischen Darstellungen zumindest akzeptabel, von der Landkarte bis zur *Flow-Chart.* Inwiefern trifft es aber auch am ‚digitalen' Ende des Spektrums zu, wo die Verwendungsweise jedes Repräsentamens in vollkommen konventioneller Weise formal geregelt ist?

„Sign uses far from the common sense notion of diagrams – logic, algebra, pictures, grammar and linguistic semantics – must be reconceptualized as specific subtypes of diagrams" (Stjernfelt: 58) fasst der dänische Philosoph Frederik Stjernfelt eine der wichtigsten Thesen seiner Untersuchung *Diagrammatology* zusammen. Das ‚Diagramm', das dem notwendigen Schlussfolgern hinter (etwa) einem sprachlichen Syllogismus oder dem Term $a + b = c$ zugrunde liegt, ist offensichtlich gänzlich anderer Natur als in ‚graphischen' Repräsentationssystemen.[106]

---

keinesfalls gelöst werden: Bei der Linienzeichnung eines Kreisdiagramms muss ich etwa von folgenden Faktoren abstrahieren: Der Liniendicke, ihrer Farbe, der absoluten Größe, der Orientierung auf der Seite, sowie, dass der Kreis vermutlich auch kein idealer Kreis ist. Hätte ich ein Kreisdiagramm ‚als Bild im Kopf', so würde dies das Problem nur verlagern. Die *reading procedures*, die von einer Darstellung (auch eines Diagramms) zu den Schlussfolgerungen führen, welche damit getroffen werden können, sind eng mit der symbolischen Seite (auch des typischen Kreisdiagramms) verknüpft, welche erst erlernt werden muss (vgl. Stjerntfelt: 58). Es muss darauf hingewiesen werden, dass ein *diagram proper* (vgl. weiter unten in diesem Kapitel) nicht aus sich heraus eines *ist*, sondern durch unseren Gebrauch dazu *wird*. Eine Verlagerung des Diagramms in die mentale Bildlichkeit eines Interpreten würde die Trennlinie zwischen inneren und externen Repräsentationen somit nur rekursiv verschieben.

106 Peirce hat mit seinen existenziellen Graphen selbst ein *graphisches* Repräsentations-System eingeführt, das aber keinesfalls mit seinem Begriff des Diagrammatischen gleichgesetzt werden darf. „Peirce called his system [der existenziellen Graphen – L.W] not ‚diagrammat-

Um diese Differenz begrifflich eindeutig zu machen, soll die diagrammatische Darstellung (als materiell vorliegende, räumlich-topographische Repräsentation, wie im Falle der Untersuchungsgegenstände in *XKCD*) im Folgenden mit Peirce als *diagram proper* spezifiziert werden (vgl. Stjernfelt: 58). Betont werden muss, dass sich vor einer allgemeinen Diagrammatik das Erkenntnisinteresse der Frage verschiebt: Nicht, was ein Diagramm universell *ist*, sondern auf welchen Ebenen Darstellungssysteme (in ihrer Benutzung) diagrammatische Dimensionen aufweisen können, wird interessieren. Um die Funktion des *diagram proper* richtig einschätzen zu können, ist es essentiell, den Gegensatz von ‚sprachlichen' und ‚bildlichen' Repräsentationen zunächst zu überwinden. Erst aus einem Verständnis der ikonischen (diagrammatischen) Dimensionen auch linearer Sprache werden die besonderen Eigenschaften des *diagram proper* im Umkehrschluss ersichtlich. Es soll daher versucht werden, einen Überblick über jene spezielle Form der Peirce'schen Ikonizität zu geben, die als ‚operational' bezeichnet wird.

Peirces Grundanforderung an ein Diagramms lautet, dass wir daran Rückschlüsse auf die Relationen des repräsentierten Objekts ziehen können, da es diese Relationen selbst aufweist.[107] Um an ein Verständnis der Ikonizität zu erinnern, das über perzeptuelle Ähnlichkeit hinausgeht: „Many diagrams resemble their objects not at all in looks; it is only in respect to the relations of their parts that their likeness consists" (Peirce nach Shin: 25). Die Relationen, die ein Diagramm repräsentiert, können ‚intrinsisch' oder ‚extrinsisch' dargestellt werden. Dies betrifft die Frage, ob das Darstellungssystem die selben wahrnehmbaren Relationen aufweist, wie jene, die dargestellt werden. Wie sähe ein Gegenbeispiel – also eine *extrinsische* Relationierung – aus?

> If the representing relation does not match the represented relation via inherent logical properties, then the only way to preserve structure is by explicitly enforcing the structure over the elements (Wöpking: 45).

---

ic' but ‚graphical', and many passages from Peirce indicate that he did not use the two concepts – 'graphical' and 'diagrammatic' – in a synonymous way" (Shin: 19).

107 „Those [Ikons – L.W.] which represent the relations [...] of the parts of one thing by analogous relations in their own parts, are diagrams" (nach: Bauer/Ernst: 43).

Wöpking konstruiert ein Beispiel, in dem die darzustellende Struktur (die *world*) alleine aus vier Elementen besteht, welche jeweils unterschiedliche Volumina aufweisen. Eine intrinsische Repräsentation könnte die Relation dieser Größen untereinander etwa durch vier Linien unterschiedlicher Länge repräsentieren. Die Relation ‚länger als' korreliert somit intrinsisch mit der Relation ‚größer als'.[108] Eine extrinsische Repräsentation würde die einzelnen Elemente beispielsweise als bezifferte Punkte darstellen, deren Größenverhältnisse durch gerichtete Pfeile repräsentiert werden: Zeigt ein Pfeil von einem Element zum anderen, so steht dies für eine ‚größer als'-Relation. Obgleich der propositionale Gehalt und die logischen Eigenschaften beider Darstellungsweisen gleich sind, insofern hier identische Relationen repräsentiert werden, sind wir bei einem formalen und vollkommen symbolischen Darstellungssystem angelangt. Es wurde eine Art mathematische Symbolsprache etabliert, obgleich die Relationalität beibehalten wurde.

> Die auf diese Weise definierte Ikonizität umfasst dann aber notwendig mehr als nur „Bilder" – Natürlich können wir sagen, wesentlich an einem Bild sei, dass alles, was in ihm dargestellt wird, in Relation zueinander steht – wir sehen, was wo ist, wie auf einer Landkarte. Aber gleiches gilt dann eben auch für „nicht-bildliche" Zeichen wie Sätze oder algebraische Formen; $x = 2y$ bestimmt keine konkreten Zahlenpaare, sondern allein eine bestimmte Form von *Relation* zwischen Zahlen und ist in dieser Hinsicht genau in demselben Sinne „ikonisch" wie beispielsweise ein Foto. Wiederum ist aber das Ikonische an diesem Zeichen nur *eine* Hinsicht, unter der diese Formel interpretierbar ist (Hoffmann: 127).[109]

[108] Wobei Wöpking unterschlägt, dass auch hier verschiedene Abstufungen an „intrinsischer Ikonizität" denkbar wären, was sich wiederum auch als Kontingenz vs. Motiviertheit (unterschiedliche Fülle und Dichte) niederschlägt. Sagt eine längere Linie nur, dass das repräsentierte Volumen größer ist (womit es egal wäre, um *wieviel* länger die Linie genau ist: Die exakte Länge wäre kontingent)? Oder vermittelt das *mapping* exakt zwischen den Relationen von Länge zu Größe (womit die Linien-Länge zur analogen Größe würde, die sich nicht auf diskrete Einheiten wie ‚größer als' oder ‚kleiner als' reduzieren ließe). Die Differenz zwischen ‚intrinsischer' und ‚extrinsischer' Relationalität ist somit keine zweiwertige, wie bei Wöpking implizit behauptet, sondern eine, die sich ebenfalls in Goodman'schen Termini als Skalierung von Fülle und Dichte verstehen lässt.

[109] Die Variablen x und y sind beispielsweise zunächst *Indizes*, insofern sie überhaupt unsere Aufmerksamkeit auf ihre Existenz lenken, die wir dann symbolisch deuten müssen.

„In fact, every algebraical equation is an icon, in so far as it exhibits, by means of the algebraic signs (which are not themselves icons), the relation of the quantities concerned" (Peirce nach Shin: 25). Obgleich eine mathematische Formel *zunächst* als exemplarisch für einen rein symbolischen Ausdruck herhalten kann, insofern Repräsentamen und Verwendungsregel vollkommen arbiträr festgelegt sind, repräsentieren sie ikonische Relationen, wenn wir sie benutzen: „Nicht die Formel an sich ist ein Ikon, sondern sie ist *unter einer bestimmten Hinsicht* – nämlich im Blick auf die Relation des Repräsentierten – als ein Ikon *interpretierbar*" (Hoffmann: 127). Damit kann jedem Darstellungssystem, das einer konsistenten Binnenlogik[110] unterworfen ist, eine solche klar geregelte Relationalität zugesprochen werden: „Gleiches gilt, wenn wir sagen, das Zeichen ,1 : 2' solle ein Verhältnis beschreiben, aber auch für jeden *Satz*, in dem ja zumindest ein Subjekt und ein Prädikat in eine Beziehung gebracht werden" (ebd.). Das klingt zunächst kontra-intuitiv, gerade vor der Unterscheidung von Ikons einerseits und konventionellen Symbolen andererseits. Natürlich sind sprachliche Aussagen, formale Logik und mathematische Notationen vollkommen konventionell und müssen mühsam erlernt werden. Nachdem wir dies aber getan haben und sie *als* etwas verstehen, dann verstehen wir nach Peirce zuallererst die Relationen, die durch das Darstellungssytem vermittelt werden. Dies ist bei Peirce daher als *operationale* Ikonizität zu verstehen, insofern sie erst in Anwendung, in Benutzung des Darstellungssystems[111] zum Tragen kommt. Wenn Peirce sein graphisches Repräsentationssystem der existenziellen Graphen als ,more iconic' als das zuvor entwickelte ,formale' System erachtet (vgl. ebd.), so meint er hier tatsächlich verschiedene Konzepte von Ikonizität:

---

[110] Auf die maßgebliche Rolle der ,konsistenten Anwendungsregeln' sowie den Schwierigkeiten, Konsistenz zu postulieren, wird im nächsten Abschnitt einzugehen sein.

[111] Der Begriff des ,Darstellungssystems' wird bei Peirce nicht verwendet. Hoffmann und Shin verstehen ihn aber in dieser Weise: „Peirce himself did not use the phrases ,representation', ,system', or ,inference rules', but what is stated here is very similiar to our concept of a deductive representation system [...]. A diagrammatic system does not have to consist of circles, lines, or dots, as we often assume, but means a representation system in our sense" (Shin: 21, vgl. auch Hoffmann: 127 f.).

For exactly the same set of theorems may be derived from the two competing formalisms [...]. So a strong implication of Peirce's diagram concept is that linear formal logics are also diagrammatical – their iconicity lying in the axioms and deduction rules facilitating which diagram experiments may be made using them when conducting a proof in them (ebd.).[112]

Darum ist es nicht verwunderlich, dass Peirce behauptet: „Algebra is but a sort of diagram" (nach Shin: 22). Der Unterschied zwischen dieser weiten Definition eines (operativen) Diagramms und einer engen liegt in unserer Anforderung: Wenn ein Diagramm nicht aus einem räumlich strukturierten, ‚graphischen' Medium bestehen muss, sondern qua Definition ‚strukturelle Ähnlichkeit' zu seinem Objekt aufweisen darf, dann kann prinzipiell *alles* diagrammatisch verwendet werden. Die strukturelle ‚Ähnlichkeit' besteht hier nicht in der medial vorliegenden Form, sondern in ihrer geregelten Benutzung.

3.3.2. Regularität und Konventionalität

Eine der weitesten Definitionen eines Diagramms, die sich bei Peirce finden lassen, lautet:

It will be necessary to use signs or symbols repeated in different places and in different juxtapositions, these signs being subject to certain „rules", that is, certain general relations associated with them by the mind (nach Shin: 21).

Wenn das Ikonische eines Terms wie ‚1 : 2' (‚Verhältnis von Eins zu Zwei') ausschließlich in den konsistenten Verwendungsregeln besteht, die Rückschlüsse auf homo- oder isomorphe Strukturen ermöglichen, so scheint der konventionellen Regularität des Anwendungssystems eine zentrale Rolle zuzufallen. Die Relationen, in denen die Elemente untereinander stehen, müssen nicht vorgängig materiell gegeben sein, sondern können als solche *definiert* werden. Es scheint, als bestünde auch das Diagrammatische daher zunächst

[112] Zur Bedeutung des Experimentieren-Könnens siehe 4.3. Was hier nur als Epiphänomen des Diagrammatischen ins Auge fällt (die Möglichkeit, Schlüsse ziehen zu können, die nicht zur Konstruktion des Diagramms notwendig waren) ist unter anderer Perspektive der *Ausgangspunkt* jeder Ikonizität, nicht eine Funktion unter anderen: „The decisive test for iconicity lies in whether it is possible to manipulate or develop the sign so that new information as to its object appears" (Wöpking: 43).

nicht in der Zeichenkonfiguration *per se*, sondern in einem davon unabhängigen Wissensbestand um seine Verwendung. Dualistischer formuliert es Stjerntfelt, der das Diagramm als ein Phänomen aus explizit „zwei Teilen" (two parts) beschreibt, „a diagram token and a set of reading rules for the understanding of it as a type" (nach Ernst: 201).[113] Damit nähert man sich einem zentralen Punkt in der Peirce'schen Diagrammatik, insofern ein Diagramm niemals kontext-isoliert *besteht*, sondern unter bestimmten Bedingungen etabliert werden kann.[114] Ein viel zitierter Satz von Peirce ist die Forderung, dass Diagramme „gemäß einem vollständig konsistenten Darstellungssystem, das auf einer einfachen und leicht verständlichen Grundidee aufbaut, ausgeführt werden" (nach Hoffmann: 127).[115] Die Darstellungsmittel müssen deswegen zwei Anforderungen genügen:

> Zum Zeitpunkt der Diagrammatisierung in einem widerspruchsfreien Zusammenhang stehen, und zweitens, dass es bestimmte Regeln ihres Gebrauchs gibt. Genau in diesem Sinne will ich im Folgenden den Begriff des ‚Darstellungssystems' verwenden (ebd.).

Die allgemein akzeptierten Regeln eines Darstellungssystems, nach denen ein Diagramm konstruiert wird, können implizit in Form der Grammatik einer Sprache vorliegen[116] oder in den Transformationsmöglichkeiten mathemati-

---

113 Auch ohne die Peirce'sche *type/token*-Unterscheidung hier einführen zu wollen, sollte klar sein, was gemeint ist: Das einzelne, materielle Diagramm verweist auf generelle Diagramme. Auf weitere Ausführungen wird hier verzichtet, da eine dualistische Differenz mit Hoffmann gerade vermieden werden soll und von ‚dem Diagramm' erst in Zusammenspiel beider Elemente die Rede sein kann. Zur Bedeutung virtueller Konfigurationsmöglichkeiten wird in 4.3 dennoch unter pragmatischer (nicht erkenntnisphilosophischer) Sicht zurückzukommen sein.

114 Bauer und Ernst verstehen z.B. auch das ‚Diagrammatisieren von Spiel-Situationen' in einer solchen Unterwerfung unter intersubjektiv gültige Regelhaftigkeiten, die den Möglichkeitshorizont begrenzen (vgl. Bauer/Ernst: 160).

115 Die ‚vollständige Konsistenz' ist seit Gödel eine problematische Angelegenheit, da jedes Darstellungssystem nie zugleich vollständig und widerspruchsfrei sein kann. Unter der hier gewählten Perspektive ist jedoch Hoffmann zuzustimmen, dass es genügt, wenn das Diagramm vor *einem* bestimmten Anwendungszusammenhang konsistent und funktional ist – ohne damit über dessen epistemische Reichweite urteilen zu wollen (vgl. Hoffmann: 127).

116 Zu den methodischen Schwierigkeiten, will man die alltägliche Sprache tatsächlich als Diagramm auslegen, wäre viel zu sagen. Noch bevor man in die Verlegenheit gerät zu explizieren, auf welchen syntaktischen, semantischen und syntagmatischen Ebenen ein ‚Diagramm

scher Ausdrücke explizit definiert werden. Anders formuliert: ‚Symbolische' Systeme regeln ihre Ikonizität explizit, während sie bei zunehmend analogen und vollen Schemata oft nur implizit zur Verfügung stehen (vgl. Shin: 31). Die Pointe an der Perspektive, das Diagrammatische als Arbitraritäts-Begrenzung zu sehen, die *einige* bestimmte, nicht aber *alle* Transformationen als regelkonform zulässt, liegt im Handlungs-Aspekt: Erst, wenn *manche* Schlussfolgerungen und Transformationen gemäß den etablierten Normen unsinnig oder unerlaubt sind, können andere sinnvoll oder erlaubt werden.

> Dabei ist [...] auf der einen Seite Tätigkeit wesentlich: Diagramme müssen mit den Mitteln eines Darstellungssystems konstruiert werden, und sie müssen auf geeignete Weise transformiert werden. Auf der anderen Seite ist die Normativität und Rationalität des gewählten Darstellungssystems wesentlich, der sich der Konstrukteur unterwirft, wenn er bei der Transformation seiner Diagramme den Regeln dieses Systems folgt (Hoffmann: 138).

Ein typischer Schlussfolgerungsprozess sieht demzufolge so aus, dass (1) anhand von Wahrnehmungsdaten[117] oder Überlegungen ein ‚Diagramm' des Objekts erstellt wird, indem wichtige Relationen des Objekts extrapoliert werden und nun modellhaft zur Verfügung stehen. Daraufhin kann (2) anhand des so erstellten Diagramms herum experimentiert werden, um neue, mögliche Rekonfigurationen zu finden. Dieses neue, transformierte Diagramm kann daraufhin (3) mit dem ursprünglichen verglichen werden, um neue Informationen über die Struktur der Relationen insgesamt zu erhalten (vgl. Ernst: 200). Der Term ‚x = 2y' besitzt nur deshalb eine ikonische Dimension (die die gleichen Verhältnisse selbst aufweist, welche der Term repräsentiert), weil die

---

der Sprache' besteht (ein Problem, das Stjernfelt ausführlich thematisiert, vgl. 64 ff.), muss doch zugegeben werden, dass ‚Konsistenz' und ‚Eindeutigkeit' hier nur sehr graduell existieren: „Wenn wir unsere Umgangssprachen mit heute verfügbaren Logiken vergleichen, wissen wir, dass Darstellungssysteme *mehr oder weniger* konsistent sind. In natürlichen Sprachen kommen natürlich Äquivokationen vor, die Widersprüche erzeugen können" (Hoffmann: 131). Gerade aber die Möglichkeit, auf Widersprüche stoßen zu können, welche einer lösenden Bearbeitung überhaupt bedürfen, weist auf ein Vorhandensein impliziter Regularitäten im täglichen Gebrauch der Sprache hin (Verletzungen dieser Normen können sich etwa als ‚komische Inkongruenz' niederschlagen).

[117] Die mit Peirce ebenfalls nicht unvermittelt gegeben sind, sondern auch aus konzeptuellen Schlüssen gewonnen werden. Um die Sache nicht unnötig zu verkomplizieren, wird dies hier unterschlagen (vgl. Hoffmann: 198 ff.).

Schlussfolgerung ‚2x = 4y' erlaubt und sinnvoll ist, nicht aber ‚7x = y'.[118] Daher ist es auch ganz unsinnig, vor einem weiteren Diagrammatik-Verständnis eine Unterscheidung zu treffen zwischen materiell vorliegenden Zeichenbeständen einerseits und kognitiven Potentialen andererseits. Die Polarität zwischen ‚externen' Diagrammen und ‚internem' diagrammatischem Schlussfolgern ist ganz und gar verfehlt.

> Sowohl für den Konstrukteur eines Diagramms wie auch für seinen Interpreten *ist* ein Diagramm nur dann ein Diagramm, wenn er oder sie über die entsprechenden *Konventionen* verfügt, die es erlauben, ein Diagramm als ein solches und nicht nur als ein Ikon zu sehen. In diesem Sinne ist für diagrammatisches Denken immer schon vorausgesetzt, dass es keine irgendwie relevante Trennung zwischen „externer" und „interner" Repräsentation gibt: Es ist schlicht gleichgültig, denn die Bedeutung, die einem Diagramm zukommt, wird ihm immer von demjenigen zugesprochen, der die Konventionen des jeweiligen Darstellungssystems kennt (Hoffmann: 128).

3.3.3. Schlussfolgerungen: Ikonizität #2

Es lassen sich zusammenfassend drei Ebenen angeben, in denen eine einfache Relation wie ‚y = x' (oder auch ‚ein Hund ist ein Lebewesen') ikonisch repräsentiert sein kann.[119] Die erste Ebene der Ikonizität betrifft die verwendeten Terme, die epistemischen Dinge, welche behandelt werden: *y*, *x* – oder auch *Hund* und *Lebewesen*. Diese fungieren hier, in beiden Fällen, als konventionell erlernte, vollständig differenzierte und disjunkte Symbole in einem wenig vollen Schema, anders als in einer analogeren ‚Zeichnung' eines Hundekopfes (die gewiss auch nur eine mehr oder weniger gelungene Annäherung an optimale Ikonizität wäre, wie in 3.2 gezeigt). Die zweite Ebene betrifft die der ‚Kopula', also der Repräsentation der Relationen: Sowohl im verbalsprachlichen Ausdruck als auch in der mathematischen Notation ist die Relation rein

118 Diese dezissionistische Möglichkeits*begrenzung* ist entscheidend für die zentrale *Funktion* Peirce'scher Diagramme, welche im Experimentieren mit und an dem Diagramm besteht, sowie im Beobachten der Ergebnisse dieser Experimente. Genauer wird darauf in Abschnitt 4.2 eingegangen.

119 Peter Bernhard unterscheidet hier in seiner Dissertationsschrift über Euler-Diagramme zwischen *Termen* und *Kopula*, und gibt damit die ersten beiden Dimensionen an (vgl. 62 ff.). Sun-Joo Shin bezieht in einem fast identischen Exempel die dritte (operative) Ebene der Ikonizität mit ein (vgl. 26 ff.).

symbolisch vermittelt, also extrinsisch. Damit ist das Schema auch in dieser Hinsicht digital, in differenzierbare Einheiten segmentiert. Wöpking spricht hier eben von einer „extern aufgezwungenen Relationalität“ (vgl. 42), insofern Sprache und Formel alleine durch konventionelle Regeln die Zusammenhänge vermitteln, sie aber nicht selbst (intrinsisch) aufweisen. Anders, wenn ‚y‘ und ‚x‘ durch zwei Kreise repräsentiert würden, welche ineinander verschränkt lägen – wenn die Relation der für ‚x‘ und ‚y‘ verwendeten Repräsentamen (in anderen Fällen auch analogerer Ikons) somit den Relationen *entsprächen*, die sie repräsentieren sollten. Diese intrinsische Relationalität bezeichnet Wöpking als *nomische* Ähnlichkeit, und genau dies entspricht unserer gewöhnlichen Vorstellung einer diagrammatischen Darstellung, eines *diagram proper*.[120] Damit wäre eine präzisere Definition der Diagrammatischen Darstellung erreicht, auf welche im Folgenden zurückgegriffen werden soll: Die ‚Ähnlichkeit‘ der Elemente ist hier in Wöpkings Sinn nomisch, also intrinsisch vermittelt, was sich als höhere Analogizität und Fülle re-übersetzen ließe.

Hinzuzufügen wäre aber eine dritte Dimension. In jedem Fall nämlich, egal wie ikonisch epistemische Dinge (analog vs. digital) und Relationen (extrinsisch vs. intrinsisch) dargestellt werden, besteht eine basale Ebene der *operationalen* Ikonizität, die in unserer Kenntnis des Gebrauchs des Darstellungssystems besteht: die Vermittelung eines *Verhältnisses*, das zwischen x und y, zwischen Hund und Lebewesen besteht. Dieses Verhältnis kann auf ungeheuer viele Arten dargestellt werden, (etwa) auch als *diagram proper*. Dennoch aber lassen sich alle denkbaren Darstellungsweisen als diagrammatisch verstehen, ohne dabei auf ein bestimmtes Darstellungsmedium angewiesen oder festgelegt zu sein. Dies ist entscheidend an diesem Verständnis des Ikonischen, „which makes claims about the relation between diagram and object but not

120 Auch die nomische Relationalität ist, wie angeführt, ein skaliertes Phänomen, das nach Kontingenz und Determiniertheit, also schlechterdings seiner Schema-Fülle, klassifiziert werden kann. Während ein Euler-Diagramm nur Inklusion und Exklusion kennt, mögen andere, analogere und vollere (also determiniertere) Darstellungssysteme auch der exakten Entfernung, Form oder Seiten-Ausrichtung der repräsentierenden Kreise Bedeutungen zuweisen. Anders formuliert: Es geht darum, was einen Unterschied macht, welche relevanten Entscheidungen sich innerhalb des Systems treffen lassen.

about the medium of the diagram" (Wöpking: 52). Daher kommt Wöpking zu dem Schluss, Diagramme seien „medien-insensitiv" (ebd). Das mag für den Moment so stehen bleiben, als sich unter dem weiten Begriff operativer Ikonizität tatsächlich keine Medienabhängigkeit (oder -präferenz) festmachen lässt.[121] Doch wenn man jenseits des bloßen *Zustandekommens* von diagrammatischem Schlussfolgern nicht nur danach fragt, *ob* sich Diagramme in unterschiedlichen Medien realisieren lassen, sondern auch *wie*, wird die Frage nach der Medialität des Diagrammatischen nicht nur an Bedeutsamkeit gewinnen, sondern geradezu zentral werden. Es stellt sich einerseits zu Recht die Frage, wo der Nutzen in einer solch weiten Definition liegen mag, unter der buchstäblich *alles* als Diagramm betrachtet werden kann, was nur bestimmte, nicht-arbiträre Relationen vermittelt. Der Feststellung (so möchte man kritisch anführen) dass einem Darstellungssystem eine diagrammatische Struktur zugrunde liegt, kommt so tatsächlich kaum noch Erklärungskraft zu. Wenn Diagramme aber nicht als ontologische Kategorien betrachtet werden, sondern als Funktionsbeschreibungen des praktischen Schlussfolgerns und Experimentierens, so dürfte sich gerade der Vergleich unterschiedlicher Medien als aufschlussreich erweisen.

[121] Wie bereits erwähnt beschränkt Peirce das Diagramm auch nicht allein auf visuelle Kategorien: „such a diagram has got to be either auditory or visual, the parts being seperated in the one case in time, in the other in space" (nach Shin: 20). Er verfolgt den Gedanken akustischer Diagramme jedoch kaum weiter. Anders etwa Pietarinen, der selbst haptische oder olfaktorische ‚Diagramme' in Erwägung zieht (vgl. 80).

4. Inkongruenz zwischen Hypothesenbildung und Witz #2: Die Medienspezifik des *diagram proper*

Nach der Erarbeitung zweier verschiedener Diagramm-Begriffe bei Peirce, die gemeinsam ein Verständnis der Operationalisierbarkeit des *diagram proper* vermitteln sollen, können nun konkrete Probleme am Untersuchungsgegenstand selbst erörtert werden. Um die eingangs gestellten Fragen nach der Plausibilität diagrammatischen Schlussfolgerns einzuholen, sollen im Folgenden die humor-theoretischen Überlegungen (Kapitel 2) mit den angeführten Perspektiven auf das Diagramm (Kapitel 3) zusammengeführt werden.

Im ersten Abschnitt dieses Kapitels (4.1) wird das Verhältnis von assoziativen Ähnlichkeits-Empfindungen, wie sie das *ingenium* des Witzes aufdeckt, zu ihrer medialen Formulierung zu erörtern sein. Dabei wird in einem ersten Schritt (4.1.1) ein Medien-Begriff vorgeschlagen, der im Treffen von Unterscheidungen besteht, die in anderen Medien anders differenziert werden würden. Wie sich am *diagram proper* besonders zeigen lassen wird, vermittelt ein Medium das in ihm Artikulierte stets unter (eigenen) Bedingungen, welche die Inhalte entscheidend präfigurieren. Dieses transformierende Moment des Medialen lässt sich (auch) durch Verwendungskonventionen und soziale Praktiken bestimmen. In einem besonderen Spannungsverhältnis steht somit der Begriff der „Gattung“ (oder „Typs“) zu seiner *Medialität*, was einen klärenden Exkurs verlangt. In einem zweiten und dritten Schritt wird dieser Frage anhand zweier verschiedener Typen des *diagram proper* nachgegangen, dem Kreisdiagramm (4.1.2) und dem Achsendiagramm (4.1.3), welche beide in *XKCD* häufig Verwendung finden. Das Ziel dieses ersten Abschnitts wird es sein, anhand einiger Schlussfolgerungen (4.1.4) zu zeigen, worin die Rhetorik diagrammatischer Darstellungen besteht, die auch in die dargestellten Episteme hineinreicht.

Ein zweiter Abschnitt (4.2) wird die Frage stellen, wie in Ermangelung von klar konventionalisierten Typen des *diagram proper* zu verfahren ist. Im Gegensatz zu jenen in 4.1 betrachteten Darstellungen, welche sich (wenn auch komisch inszeniert) im wissenschaftlichen Diskurs positionieren, verwenden zahlreiche der täglich verwendeten ‚Info-Grafiken' *ad hoc* eingeführte Zeichenbestände und Vokabularien, die sich kaum formalisieren lassen. Was alle angeführten Arten diagrammatischer Darstellungen jedoch verbindet ist das schwierige Thema des ‚Evidenz-Effekts', der dem Diagramm zugesprochen wird. Diese spezielle Anschaulichkeit des Diagrammatischen, die bei zahlreichen Autoren als *differentia specifica* genannt wird (vgl. Bauer/Ernst: 19), soll in diesem zweiten Abschnitt des Kapitels genauer betrachtet werden. Da diese Problematik von zu vielen wissenschaftlichen Interessensschwerpunkten aus befragt wurde und wird, soll in einem ersten Schritt (4.2.1) differenziert werden, was hier unter ‚Evidenz' zu verstehen ist und warum die meisten der damit verbundenen Fragen zugunsten eines funktionalistischen Ansatzes vernachlässigt werden können. Ein zweiter Schritt (4.2.2) soll diese Pragmatik der Anschaulichkeit anhand konkreter Funktionen bestimmen, die mit der jeweiligen Leistungsfähigkeit der Darstellung für Interpreten verbunden sind. Die Untersuchung wird daraufhin (4.2.3) zeigen, dass es die operativen *Einschränkungen* des Darstellungs-Mediums (in physikalischer, topologischer oder geometrischer Hinsicht) sind, die zu hoher Effizienz führen können.

Die Frage der Peirce'schen Anwendungspragmatik soll im dritten Abschnitts dieses Kapitels (4.3) die Untersuchungen der Medienspezifik des *diagram proper* abschließen und zugleich zur Ausgangsfrage zurückführen. In zweierlei Hinsicht wird sich präzisieren lassen, wie sich die verhandelten Phänomene in Wirths Theorie aus Kapitel 2 einfügen lassen – oder bereits implizit vorhanden sind: Ein erster Schritt (4.3.1) soll erörtern, inwiefern die *economy of research* aus Abduktion, Deduktion und Induktion bei Peirce von vornherein als diagrammatische Operation angelegt ist. Damit kann in einem zweiten Schritt (4.3.2) gezeigt werden, dass sich Wirths Überlegungen zur ‚Pragmatik des Schlussfolgerns' nicht etwa günstig auf Diagramme *übertragen* lassen, sondern durch eine Betrachtung als diagrammatisches Phänomen sogar entscheidend bereichert werden. Vor diesem Hintergrund werden noch einmal die in 4.1.2 und 4.1.3 herangezogenen Beispiele untersucht. Damit wird sich zusammenfassend (4.3.3) diskutieren lassen, welche Rolle das Durchspielen *(display)* von

Möglichkeiten, die über eine vorhandene Konfiguration (*layout*) hinausgehen, für das Diagrammatische spielt.

4.1. Das *diagram proper* als Medium

4.1.1. Von der ‚ikonischen Suggestion' zur medialen Formulierung

Wie wird aus einer vagen Assoziation (dass ‚etwas miteinander zu tun hat') eine definierte Relation, die in die Form einer diagrammatischen Darstellung gebracht werden könnte? Einerseits setzt Hypothesenbildung und Erkenntnisentwicklung am unerwarteten Hereinbrechen überraschender Erfahrungen an, welche eine Erklärung fordern. Andererseits aber scheint es neben dieser problemorientierten, rekonstruktiven Suche nach Hypothesen eine spielerische, ‚weiche' Form der Abduktion zu geben, die Peirce eher Gedankenspiel, Tagträumerei oder Puzzle verortet: „Wenn aber im unkontrollierten Spiel des Denkens eine interessante Kombination auftaucht, so nimmt die subjektive Intensität für kurze Zeit rasch zu" (Peirce nach Wirth 1999: 211). Von einer solchen ‚interessanten Kombination' im ‚freien Spiel des Denkens' kann dann die Rede sein, wenn wir unerwartet auf zwei Dinge stoßen, die sich in irgendeiner Weise überraschend zu ähneln scheinen.

> Diese subjektive Intensität [...] besteht in der Setzung eines neuen, kohärenten Zusammenhangs, aufgrund einer interessanten Ähnlichkeitsrelation. Die Idee, zwei Elemente, die gemeinsam assoziiert werden, auch konjektural in eine logische Relation zueinander zu stellen, vollzieht sich im Modus ästhetischer Plötzlichkeit, d.h. dem Witz, ebenso wie dem abduktiven Einfall eignet das Moment der Unvorhersehbarkeit und des Zufalls (ebd.).

Wirth nimmt hier auf Peirces Prozess-These Bezug, welche Denkvorgänge in ihrer unhintergehbaren zeitlichen Abfolge – ihrer Prozessualität – betrachtet (vgl. Pape 2004: 74ff.). Die meisten Probleme, die eine solche theoretische Konzeption des Bewusstsein als „kontinuierlichen Strom" von Empfindungen mit sich bringt, können beiseite gelassen werden. Zwei Gedanken scheinen aber für diese Untersuchung hervorhebenswert: Zum einen die Bedeutung der Assoziation als *ikonischer* Operation, welche jedem neuen Einfall zugrunde liegt; zum anderen den Moment der Überraschung und Plötzlichkeit, wird eine Assoziation ‚mit Witz' vollzogen, das bedeutet: bringt sie weit auseinander liegende Vorstellungen zusammen. Für Peirce ist „association [...] the only force which exists within the intellect". Ersetzt man den vagen und unterbestimmten Begriff der „Assoziation" mit einer (zeitlich vollzogenen) Relation im Denken, wie es Helmut Pape in seiner *Einführung* zu Peirce tut, werden Wirths Überlegungen klarer: „Wir können sagen, dass die Relationalität die elementarste Form aller Erfahrung und des Denkens ist" (Pape 2004: 83). Somit besteht unsere Gedankenwelt mithin nur aus Abfolgen von solchen Relations-Verhältnissen, Zusammenhängen zwischen Gedanken untereinander. Daraus geht allerdings noch keineswegs hervor, dass zwischen zwei Dingen, die der Assoziation als ‚ähnlich', i.e. in Relation befindlich erscheinen, auch tatsächlich ein logischer (und gar relevanter) Zusammenhang besteht.

> Dem assoziativen Strom des Bewusstseins liegt ein zeitliches Kontinuum zugrunde, welches das Nachfolgende als Konsequenz des Vorhergehenden erscheinen lässt [...]. Die Ähnlichkeitsassoziation zwischen zwei Ideen bewirkt das Gefühl der räumlich-nexalen Zusammengehörigkeit (Wirth 1999: 188).

Dieses Gefühl kann oft täuschen. Nur wenn sich herausstellt, dass sich die Ähnlichkeitsrelation, der „zeitliche, aber logisch neutrale Zusammenhang der Empfindungen" (Pape 2004: 73), darüber hinaus als brauchbar für weitere Hypothesen erweist, besteht ein Zusammenhang, der nicht bloß irrelevant oder sogar ‚dumm' ist. Im gewitzten Gedankensprung ist beides angelegt, Albernheit ebenso wie Scharfsinn. Oft stellt sich dies natürlich erst hinterher heraus, weswegen eben keine *logischen* Standards über die Legitimation einer Hypothese entscheiden. In den meisten Alltagsfällen ist die Unterscheidung aber mit dem ‚gesunden Menschenverstand' zu treffen, als der sich Kontextsensibilität paraphrasieren ließe. Wirth gibt dafür das Beispiel, dass ein vernünftiger Arzt, dessen Patienten alle unter Leber-Zirrhose leiden, da sie übermäßig Whisky Soda, Cognac Soda und Gin Soda trinken, kaum auf Sodawasser als Krankheits-Auslöser tippen würde, obgleich sich ein Ikonizitäts-Verhältnis zwischen dem Soda-Gehalt der Getränke bemerken ließe. In anderen Fällen der Wissens-Entwicklung hingegen mag genau eine solche ‚witzige Ähnlichkeits-Empfindung' auf die Spur einer korrekten – und brauchbaren – Hypothese führen, auch wenn sie anderen nicht aufgefallen wäre – oder absurd erschien. Klassische Detektivgeschichten von Edgar Allen Poe, auf die sich Peirce oft bezieht,[122] funktionieren nach dieser Logik: Der Ermittler hat eine Assoziation, die anderen schlichtweg nicht aufgefallen wäre, da sie sie offensichtlich als irrelevant verworfen hätten, noch ehe sie formulierbar wurde. Genau diese ‚ikonische Suggestivkraft' (Wirth 1999: 189) ist es, die abduktive Überlegungen auslösen kann, welche (nicht näher bestimmte) willkürliche Ähnlichkeitsempfindungen in medientechnisch-determinierte Relations-Verhältnisse überführen.

Bestimmen lässt sich daher das bislang vernachlässigte terminologische Zusammenspiel von Abduktion, Assoziation, Witz und Hypothese mit Wirth wie folgt: Die Abduktion ist der Vorgang, der eine unterbestimmte ‚ikonische Assoziation' in eine (mehr oder minder) definierte ikonische Hypothese überführt. Ist der Zusammenhang zwischen beiden Vergleichsgegenständen sehr weit hergeholt, ist von einer gewitzten Assoziation zu sprechen.[123] Der abduktive Sprung, von einer witzigen Empfindung zu einem (logischen) Antezedens, wird durch die ‚ikonische Suggestivkraft' des propositionalen Gehalts, ausgedrückt zwischen beiden Gliedern, motiviert. Die ursprünglich empfundene ‚Ikonizität' muss, wie gezeigt, kein partielles Identitätsverhältnis an sich sein, sondern kann gerade in einer Differenzrelation bestehen – oder auch nur der vagen Empfindung, dass ‚beide etwas miteinander zu tun haben'. In jedem

122 „Seine Gedanken zum Gedankenspiel entwickelt Peirce mit Bezugnahme auf Edgar Allen Poes *The Murder in the Rue Morgue* (vgl.CP 6.460) [...]. Eben dieser ‚analytische Scharfsinn' ist beim Entwirren von Rätseln, Denkaufgaben und Hieroglyphen gefordert [...]. Die Fähigkeit des detektivischen ‚Wieder-Auflösens' basiert auf jener ‚rückschlüssigen Verfahrensweise', die Peirce als Abduktion bezeichnet" (Wirth 1997: 57).

123 Dem wäre sogar ethymologisch nachspürbar. Wirth verfolgt die Begriffsgeschichte des Geistesblitzes, der bei Quintilian als ‚raptus' bezeichnet wird, was seine Plötzlichkeit und Überraschung markiert. „Da ‚raptus' aber auch ‚Entführung' bedeutet, kann man mit gutem Grund behaupten, dass der ‚Geistesblitz', der ‚plötzliche Geniestreich', auf einer abduktiven Denkbewegung gründet" (Wirth 1999: 212). Die Ethymologie der Abduktion fußt auf der ‚Entführung' eines Gedankens in einen anderen, ihm fremden Bereich.

Fall: Die Aufgabe der Abduktion ist es, diese witzige Ikonizität als solche erst zu definieren, indem die in Bezug gesetzten Größen in intersubjektiv zugänglichen Zeichenpraxen Ausdruck finden. „Im reflektierenden Überlegen möglicher Zusammenhänge treffen die Momente des grübelnden Gedankenspiels und des Witzes zusammen" (Wirth 1997: 382). Sowohl kreative Entdeckungen als auch witzige Albernheiten können hier ihren Anfang finden, da entsprechend dem Trivialitäts-Argument notwendigerweise Relations-Verhältnisse zwischen allen Dingen bestehen (müssen!). Welcher Arten diese ‚Ähnlichkeiten im Moment der Assoziation' phänomenologisch gesehen sein mögen, wie sich die ‚Ikonizität' also im mentalen Erleben darstellen mag, das darf der Spekulation überlassen bleiben. Sobald die Abduktion jedoch dazu übergeht, der ‚ikonischen Suggestion' nachzugehen – wie auch immer diese für ein Bewusstsein beschaffen sein mag –, so muss sie dies innerhalb vermittelnder und kulturell normierter Schlussfolgerungsmedien tun; sonst bleibt es bei jenem ‚vagen Gefühl des Zusammenhangs', das nicht näher bestimmt werden kann.[124]

Der Zusammenhang dieser so verstandenen Abduktion und dem Diagrammatischen wird nun deutlicher: Obgleich das Medium der Sprache gewiss am traditionsreichsten bedacht wurde, was seine Fähigkeit zur Aussagefähigkeit anbelangt, kommt der diagrammatischen Darstellung eine Sonderrolle darin zu, Relationen (scheinbar) *als solche* zu formulieren und anschaulich zu machen: beispielsweise in Form einer Korrelation auf einer X- und Y-Achse. Nun ist es in den Medienwissenschaften keine sonderlich spektakuläre Entdeckung, dass Wissen als solches nicht zugänglich ist, ohne einer medialen Vermittlung zu bedürfen, welche auf die verhandelten Episteme zurückwirkt. Der Minimalkonsens der heterogensten medienwissenschaftlichen Strömungen könnte lauten, dass Medien das, was sie vermitteln, verarbeiten oder speichern, unter Bedingungen stellen, die sie selbst erst schaffen oder sind (vgl. Engell/Vogl: 10). Diese Bedingungen bestehen zunächst einmal in der Operation, Unter-

124 Anders formuliert lautet diese Erkenntnis nur: Ohne Interpretanten, ohne vermittelnde Zeichen, werden Gedanken auch uns selbst nur im Modus der *Möglichkeit* oder des *Widerstands* zugänglich.

scheidungen zu treffen, bzw. diese Unterscheidungen überhaupt zu ermöglichen. Bauer und Ernst binden diese Funktion explizit an Goodmans *Weisen der Welterzeugung* zurück und differenzieren diese genauer als die Basisoperationen von Komposition und Dekomposition (vgl. Bauer/Ernst: 84).[125]

Entscheidend ist nun, dass die Verfasser die Bedeutung dieser Operationen vor allem im Bereich *zwischen* den Medien vermuten: „Das gilt auch und gerade, wenn die Rekonfiguration dadurch zustande kommt, dass man einen Medienwechsel vollzieht" (ebd.), ein triviales Beispiel: „Die Kinoadaption eines Romans ist eine Rekonfiguration der erzählten Geschichte" (ebd.). Die verschiedenen *Weisen der Welterzeugung* unterschiedlicher Mediensysteme lassen sich, will man die philosophischen Implikationen etwas erden, auf jene ‚Basisoperationen' zurückführen, der die weiteren Bedeutungsnuancen von „Gewichtung, Ordnung, Tilgung und Ergänzung" (ebd.: 85) zuerst entspringen: der Unterscheidung von Entitäten, und der Möglichkeiten zur Bezugnahme dieser untereinander. Noch schematischer könnte man Goodmans Sentenz aufgreifen, dass alle gesellschaftlichen Systeme sich an der ‚Vermessung der Welt' versuchen, nach jeweils eigenen Maßstäben, Skalen, Messinstrumenten.[126] Da dieser Vorgang in jedem Medium anders realisiert wird, kann es keine Allgemeindefinition von ‚Medien' geben. Nach Jens Ruchatz gilt darum als „ein Medium, wenn es als Medium behandelt, also diskursiv-vergleichend oder praktisch-komplementär auf andere Medien bezogen wird" (Ruchatz 2008: 115). Er folgert aus der Feststellung, dass keine Medienontologie, son-

---

125 Dieser Nachdruck Goodmans auf den Umstand, dass keine Darstellung *ex nihilo* geschaffen wird, sondern stets nur eine Neuordnung bestehenden Wissens unternimmt, ließe sich auf Peirces Grundannahme beziehen, dass wir stets in einem ‚Bett aus Überzeugungen' operieren, das niemals bis an die Substanz befragt wird; stets sind es punktuelle Probleme, die ein Zweifel uns umzustrukturieren nötigt (vgl. Hoffmann: 30f.).

126 Goodman bezieht hier auch explizit verschiedene ästhetische und praxisnahe Modi mit ein: „Die Hilfsmittel des Künstlers – wörtliche und nicht wörtliche (metaphorische), sprachliche und nicht-sprachliche, denotative und nicht-denotative Modi der Bezugnahme in zahlreichen Medien – scheinen vielfältiger und eindrucksvoller zu sein, als die des Wissenschaftlers. Doch anzunehmen, Wissenschaft sei schlicht und einfach sprachlich, buchstäblich und denotativ, hieße zum Beispiel die häufig verwendeten Analogieinstrumente zu übersehen" (1990: 123).

dern nur Medienvergleiche Aussagemöglichkeiten erlauben, dass Medien nur über den Unterschied, den ein Medium gegenüber einem anderen Medium macht, doch beschreibbar werden (ebd.: 114f.)[127]. Daraus ergibt sich die etwas rekursive Konfiguration, dass ein ‚Medium' aus Unterschieden zwischen verschiedenen Medien beschreibbar wird, wobei diese Unterschiede selbst in verschiedenen Unterscheidungsmöglichkeiten bestehen, die sie in Bezug auf anderes zur Verfügung stellen. Neben diese funktionalen Bedingungen und Einschränkungen in Bezug auf unterscheidende, zusammenfügende und zerlegende Operationen sind es aber auch diskursive Zuschreibungen und Verwendungspraxen, die ein Medium definieren. Am ‚Diagramm', das es nicht im Singular gibt, sondern nur als Sammelbegriff für je verschiedene Typen und Formen von Darstellungs-Weisen, manifestiert sich diese doppelte mediale Bedingtheit in evidenter Weise.

Dadurch ergibt sich allerdings das gravierende Problem, dass der „Medien"-Begriff in gefährliche Nähe zu einer allgemeineren Gattungsbezeichnung rückt und der Begriff der „Medialität" dadurch einiges von seiner Tragweite einbüßen müsste. Die Medialität des Diagramms darf freilich nicht alleine im Vorwissen über Gattungstypen aufgehen. Wenn aber nicht die Materialität einer Darstellung deren Status als Medium konstituiert – etwa: farbige Inskriptionen in einer zweidimensionale weiße Fläche – und wenn eine unterschiedliche Medialität von Schrift und Zeichnung auf größtmöglichen Konsens stoßen dürfte, so stellt sich nach der in 3.2.3 zusammengefassten stufenlosen Skalierung (über ein *mapping*) von optimaler Ikonizität (dem ‚Bild' im landläufigen Sinn) zur rein konventionellen Schriftlichkeit doch die Frage, ob die Unterscheidung von semiotischen Gattungen einerseits zu Mediensystemen andererseits ebenfalls keine kategoriale ist, sondern vor Allem perspektivisch verschiedene Fragen stellt.

---

127 Probleme der Zirkularität, wie eine Entität ihren Status als ‚Medium' erhalten hatte, unter dem sie erst für vergleichende Operationen herangezogen wird, sollen hier nicht diskutiert werden (vgl. Ruchatz: 115). Für die hier angestellte Untersuchung scheint es sich zu empfehlen festzuhalten, dass Diagramme als „Medien des Schlussfolgerns" betrachtet werden (z.B. bei Bauer/Ernst: 46), um daraufhin nach den spezifischen Differenzen zwischen Gattungen zu fragen.

Wie also lässt sich eine Gattungsbestimmung mit der Frage nach deren Medialität aussöhnen? Dazu ist ein kurzer Exkurs darüber, was mit „Medialität" gemeint ist, unverzichtbar. Auszugehen wäre erneut von der Grundüberlegung, dass mediale Zeichenprozesse spezifische Unterscheidungsmöglichkeiten an die Hand geben. Was dabei, wie in 3.2 gezeigt, als bedeutungstragend (dem syntaktischen Schema, dem *mapping*, zugehörend) gewertet wird, was als kontingent fallen gelassen werden kann, bildet den jeweiligen Horizont dieser Unterscheidungsmöglichkeiten. „Durch Unterschiede einer bestimmten Art (...) eröffnen Medien spezifische Möglichkeiten der Fixierung von Unterschieden und damit des Wahrnehmens, Erkennens und Handelns" (Seel: 248)[128]. Die auf Gregory Bateson zurückgehende Formulierung von „Unterschieden, die einen Unterschied machen" (488; vgl. 614ff.) lässt sich darauf beziehen, dass es Medien eben nur zusammen mit jenem gibt, was durch sie unterschieden werden kann, und dass diese Unterscheidungen in und durch sie eine Fixierung erhalten, innerhalb derer wieder neue Unterscheidungen getroffen werden können. Solange der mediale Horizont aber als fixes Außen zur realisierten (in diesem Fall sichtbaren) „Form" gesehen wird, übersieht man die bereits vorausgesetzten Möglichkeiten, welche durch die Wahl *dieser einen* Innen/Außen-Differenz bereits getroffen aber auch verworfen worden sind. Mit anderen Worten: Dass überhaupt ein Darstellungsmedium vorliegt, welches bestimmte Differenz- und Relationsbildungen, bestimmte Transformationsmöglichkeiten und Formulierungen zulässt, setzt einen weiteren, vorgängigen medialen Horizont voraus, vor dem die Wahl *dieses einen* Möglichkeitsraums bereits eine Differenz, eine Unterscheidung (zu anderen denkbaren) bedeutet

128 Die grundlegend philosophische Frage, ob jegliche Erkenntnis und Wahrnehmung ebenfalls nur medienvermittelt stattfinden kann, brauch dafür gar nicht bemüht werden: beschränkt man sich auch auf Darstellungsmedien alleine, so darf man die Basisoperation von Medien darin begreifen, ein solches Spektrum an Differenzen zur Verfügung zu stellen, eine „offene Reihe von Unterschieden oder Abstufungen einer bestimmten Art (...) innerhalb derer etwas als etwas Bestimmtes aufgefasst" werden kann (Seel: 244). Seel zieht als „konstruktivistischer Realist" (255) zweifellos andere Schlüsse aus Luhmanns Medienüberlegungen als dieser intendiert haben dürfte, vor Allem was den Status einer ganz und gar nicht Luhmann'schen ‚unhintergehbaren Phänomenwelt' angeht. In der Rekonstruktion der Begrifflichkeiten bleibt Seel aber zunächst sehr eng an der Systemtheorie, weswegen seine einleuchtend gewählten Beispiele hier zu Gehör kommen sollen.

hatte. Was zunächst nach einem *mise en abyme* anmutet, kann helfen, genau zu beantworten, worin etwa in der Darstellung *America* die „Medialität" zu sehen ist, deren komische (Fehl-) Anwendung humoristische Effekte nach sich zieht.

Sehr viel intensiver hat sich dazu Niklas Luhmann mit der Frage nach „Medium" und „Form" befasst. Obgleich es dabei vor einem viel weiteren Horizont um die differenzlogische Verfassung von ‚Sinn' (an sich) geht, ermöglicht die so geschaffene Differenzierbarkeit von kontingenten zu konstitutiven Aspekten eines Gegenstands überraschende Anschlussstellen an Goodmans (in 3.2.2 ausgeführte) syntaktische Schemata. Will man Luhmanns Medium/Form-Differenz daher in einer Art Gedankenexperiment anhand der Unterscheidungsmöglichkeiten graphischer Darstellungssysteme durchspielen, springen einige interessante Punkte ins Auge. Für die Zwecke einer Bestimmung der Medialität des *diagram proper* ist insbesondere relevant, dass es sich bei der Dichotomie des medialen Möglichkeitshorizonts einerseits und der vor ihm (und durch ihn) formulierten Relationsbildungen andererseits eben nicht um zweiwertige Kategorien handelt. Stattdessen wird die Perspektivität des Begriffs „Medium" hervortreten, da er unter anderer Beobachtung selbst nur als Ergebnis einer vorgängigen Unterscheidung auftreten wird (welche einen weiteren, ‚früheren' medialen Möglichkeitsraum voraussetzt, wie wir sehen werden).

Luhmann operiert mit einem Begriffspaar, das als Unterscheidung von „Medium" und „Form" bekannt geworden ist, eigentlich aber zunächst als „mediales Substrat" und „Form" differenziert werden muss (vgl. Luhmann 1998: 196). Das mediale Substrat meint die zur Verfügung stehenden Elemente, die selektiert, rekombiniert und umstrukturiert werden können, um jeweils (kontingente) Formen, Konkretionen, und Artikulationen zu bilden. „Elemente" nicht in einem naturwissenschaftlichen oder sonstwie von jedem Beobachter vorfindbaren Sinn, „vielmehr sind immer Einheiten gemeint, die von einem beobachtenden System konstruiert (unterschieden) werden." (Luhmann 1997: 167) Das mediale Substrat stellt somit der Form Selektionsmöglichkeiten zur Verfügung und ‚bedingt' in diesem Sinne die Form, weil sie ihre Selektion (anhand bestimmter Schemata) eingrenzt (vgl. Luhmann 1998: 190ff., hier 196).

> Eine Form steht also als feste Koppelung in Abhängigkeit zu einem medialen Substrat als loser Koppelung; die Form ist eine Auswahl aus einem Möglichkeitshorizont. Umgekehrt stellt das mediale Substrat einen Möglichkeitshorizont für die Formenbildung bereit. Dieser mediale Möglichkeitshorizont ist dem medialen Substrat nicht a priori gegeben. Er entsteht nur relativ zu einer aktualisierten Form in einem Medium (Ernst 2012: 215).

Wir sehen also, „dass Medien nur an der Kontingenz der Formbildungen erkennbar sind, die sie ermöglichen" (Luhmann 1997: 169) – wir erkennen ein Medium daran, dass wir das in ihm zur Sichtbarkeit kommende auch anders denken könnten, als wir es vor uns haben: daran, dass eine Rekonfiguration möglich ist, vor dem Hintergrund der Koppelungsmöglichkeiten, die das mediale Substrat über ein Schema zur Verfügung stellt. „Formen, die durch feste Koppelung der Möglichkeiten eines Mediums gebildet werden, unterscheiden sich selbst (Innenseite) von den anderen Möglichkeiten, die das Medium bietet (Außenseite)" (ebd.: 169).

Damit fungieren ‚Medien'[129] wie eine Art von Bausteinen, die als mediales Substrat lose im Baukasten bereitliegen, bis sie (in kontingenter Weise) zu festen Formen gekoppelt werden: im trivalen Beispiel des Lego-Baukastens etwa zu einem Spielzeugauto, einer Modell-Garage oder unzähligen anderen Formen. Was dem Lego-Beispiel aber abgeht, ist gerade die Pointe, dass die Bausteine im Kasten selbst als bereits fixierte Formen vor einem weiter gefassten und vorgängigen ‚Baukasten' verstanden werden müssten. Am Beispiel der Sprache hingegen lässt sich dies leicht verdeutlichen: Die Worte einer Sprache können in die Formen einzelner Sätze gebracht werden. Die Worte fungieren dabei als (loses) mediales Substrat, das in die Form einzelner, fixierter Sätze gebracht werden kann. Aber: „Solche Elemente sind ihrerseits immer Formen in einem anderen Medium – zum Beispiel Worte und Töne im Medium der Akustik, Schriftzeichen Formen im optischen Medium des Sichtbaren."

129 In Anführungszeichen, da damit zweierlei gemeint sein kann, worauf gleich einzugehen sein wird.

(Luhmann 1997: 172). Daraus ergibt sich das, was Luhmann als „evolutionären Stufenbau von Medium/Form-Verhältnissen“ (ebd.) bezeichnet, welche in die eine Richtung auf immer unwahrscheinlichere und speziellere Formbildungen, in die andere Richtung auf immer weitere Kontingenz-Horizonte bezogen sind. Martin Seel spielt dies am Beispiel der Sprache sehr weit durch:

> Für den Status eines Mediums ist es dabei bezeichnend, dass auch seine locker verbundenen „Elemente“ wiederum als Formen aufgefasst werden können, die dann wiederum in einem anderen Medium operieren. So sind die Worte einer Sprache (...) ihrerseits „Formen“, nämlich Gestaltungen im Medium von Lauten, und auch Laute können wiederum als Formen aufgefasst werden, nämlich als Gestaltungen im Medium von Geräuschen, wie auch einzelne Geräusche wieder als Formen aufgefasst werden können, nämlich als Eregnisse im Medium des Rauschens, das den Hintergrund allen Hörens bildet (Seel: 247).

Es gibt somit keine letzten Elemente, aus denen die einmal identifizierten Formen zusammengesetzt werden. Stets ließen sich weitere, vorgängige Kontingenzräume angeben, die in früheren[130] Sinnunterscheidungen als ‚Außenseite‘ verworfen worden sind. Jede Unterscheidung spielt sich in einem Raum von Unterschieden ab, die nicht zugleich Gegenstand dieser Unterscheidung sein können. In Sachen Terminologie ist dabei besonders aufschlussreich, dass ‚Medium‘ eigentlich bereits die operative Verwendung der Unterscheidung *zwischen* dem medialen Substrat und der darin identifizierten Form meint, also: die jeweilige, bereits getroffene Übereinkunft, was im gegebenen Fall als mediales Substrat, was als darin gebildete Form angenommen wird. In der Medienphilosophie hat sich dafür (anstelle eben des missverständlichen ‚Mediums‘) der Begriff der „Medialität“ durchgesetzt (vgl. Ernst 2012: 216). „Der Vorteil dieses Arrangements ist, dass der Begriff des Mediums für das mediale Substrat reserviert werden kann. Auf diese Weise ist es möglich, argumentativ bei der Medialität zu beginnen“ (ebd.). Verfolgt man die ‚evolutionäre Schachtelung‘ an bedeutungstragenden Selektionen in die andere Richtung als es Seel tut – also: nicht auf die höheren Kontingenzräume „Laut, Geräusch, Rauschen“, hin, sondern in Richtung immer speziellerer und unwahrscheinlicherer

[130] Nicht unbedingt in einem zeitlichen, sondern in einem logischen Sinn.

Selektionen – so kommt man in der Tat irgendwann bei Gattungen (als sehr speziellen Form-Gestaltungen) an. Luhmann dazu:

> Die Möglichkeit der Satzbildung kann ihrerseits wieder als Medium dienen – zum Beispiel für Formen, die man als Mythen, Erzählungen oder später, wenn das Ganze sich im optischen Medium der Schrift duplizieren lässt, auch als Textgattungen und Theorien kennt (Luhmann 1997: 172).

Die *Medialität* bestünde in diesem, von Luhmann gewählten Fall darin, eine operative Verwendung von Differenzen vorauszusetzen, unter der eine Satzbildung als mediales Substrat – als Baukasten – fungiert, und die Identifizierung und Unterscheidung von möglichen Gattungen als kontingente Formen (innerhalb derer wieder neue Ausgestaltungen realisiert werden könnten). Eine begriffliche Differenzierung von ‚Gattung' und ‚Medium' ist somit zwar insofern sinnvoll und wünschenswert, da dem Vorhandensein von einzelnen Gattungen weite mediale Unterscheidungsprozesse vorangehen müssen, unter denen die Identifizierung von Typen nur eine äußerst spezielle Formung darstellt; umgekehrt aber lässt sich von Gattungen oder Typen einerseits nicht sprechen, ohne damit Formen in einem höheren Kontingenzraum medialer Möglichkeiten zu meinen; andererseits aber fungieren auch Gattungen selbst als mediale Substrate (lockere Möglichkeitsräume) zur Realisierung bestimmter (auch anders denkbarer) Formulierungen über Relationen weiterer Elemente.

Betrachtet man vor diesem Hintergrund aus Luhmanns „evolutionärem Stufenbau von Medium/Form-Verhältnissen" die Unterscheidungsmöglichkeiten, welche in einem *diagram proper* getroffen werden, so lassen sich ebenfalls ineinander geschachtelte Reservoirs zur bedeutungstragenden Formbildung angeben. Am Ausgangsbeispiel *America* angesetzt, bildet die Darstellung eine mögliche Koppelung der Elemente an, und zwar *zunächst* der Elemente ‚Unabhängigkeitserklärung', ‚Hasen-Ereignis' und ‚Gegenwart': andere Inskriptionen sind nicht verwirklicht, könnten aber z.B. durch Neueintragungen hinzugefügt werden, wir sehen „dass viele festere Kopplungen in Betracht kommen und jede Formbildung eine Selektion erfordert" (Luhmann 1997: 168). Die Zeitachsen-Darstellung kann somit als medialer Hintergrund erachtet werden, der die Bildung verschiedenster Formulierungen erlaubt, von denen wir eine hier kurzzeitig fixiert sehen: eine Formulierung, welche eine Unterscheidung der drei verzeichneten Ereignisse impliziert. Obgleich die Zeitachsen-Darstellung aber als medialer Möglichkeitshorizont erscheint, ist sie gleichwohl selbst – unter anderer Betrachtung – bereits eine kontingente Form der Selektion. Die Zeitachsen-Darstellung kann nämlich als Fixierung einer Unterscheidung – als Form – erachtet werden, nämlich über die Nutzung der Spatialität, der Räumlichkeit, im Medium der Inskription. In diesem können etwa Schrift, Bauzeichnung oder Achsendiagramm unterschieden werden: Formen, welche sich dadurch klar differenzieren lassen, welche Formatierungen der Spatialität jeweils zum syntaktischen Schema gezählt werden (und daraufhin vermittels eines *mappings* als kontingent oder konstitutiv indentifiziert werden). In der konventionell verwendeten Schriftlichkeit wird es etwa nicht zum Schema gehören, wenn ein Buchstabe leicht vertikal versetzt ist, da dies innerhalb *dieser* Form nicht zum Treffen von Unterscheidungen relevant ist (eine Form, die freilich wiederum als mediales Substrat gesehen werden muss, wenn in ihr Worte und Relationen artikuliert werden). Diese verschiedenen, spatial differenzierten Typen von Inskriptionen (Flow Chart, Achsendiagramm, Skizze, etc.) sind somit Fixierung von bedeutungstragenden Differenzen über die Raum-Nutzung, fungieren damit selbst aber auch als Möglichkeitshorizonte, als mediale Substrate, vor denen einige bestimmte Zusammensetzungen (Formatierungen) gebildet und verworfen werden. Damit ist der ‚evolutionäre Stufenbau von Medium/Form-Verhältnissen' freilich nicht an seinem Ende angelangt, denn auch das mediale Substrat der ‚graphistischen Inskription' ist selbst nur *eine* kontingente Form innerhalb des medialen Möglichkeitsraums der zweidimensionalen Flächeneinfärbung; Sybille Krämer hat mehrfach auf die epistemische Relevanz dieses ‚Graphismus' hingewiesen, die Linie (und *nur* die Linie) zur bedeutungstragenden Differenz zu erklären und alle Übergänge, Farbverläufe und Unschärfen zu verwerfen und sie als kontingenten Hintergrund zu erachten (vgl. Krämer 2009: 100): „Der Strich bildet das Elementarmedium operativer Bildlichkeit" (ebd.). Die Malerei ist somit eine Form, welche ebenfalls im Medium der Flächeneinfärbung gebildet werden kann, aber gänzlich andere Differenzierungen tätigt als die graphistische Inskription. Und auch die zweidimensionale Flächenfärbung lässt sich wiederum als *nur eine* Formatierung im Medium der Oberflächengestaltung erachten, aus der alle Reliefe, alle Flecken auf dem Monitor, die Maserung des Papiers, kurz: alle Erhöhungen und Vertiefungen als kontingenter Hintergrund, als Rauschen, verworfen wurden – ohne damit nun bei einem letzten Element angelangt zu sein. Innerhalb jeder dieser geschachtelten Ebenen aus Medium/Form-Differenzen lassen sich die Unterscheidungsgenauigkeiten mit Goodmans syntaktischen Schemata angeben. Das *mapping*, welches sich bei *einem* Artefakt (einem Diagramm) konstatieren lässt, geht somit streng genommen aus einer Kette von einander logisch vorgängigen Medialitäts-Verhältnissen hervor, zeigt sich gewissermasen als deren ‚Ergebnisprotokoll'. Überall dazwischen gilt jedoch bereits, was für das fertige *diagram proper* konstatiert wurde, „dass viele festere Kopplungen in Betracht kommen und jede Formbildung eine Selektion erfordert" (Luhmann 1997: 168).

Damit lässt sich zusammenfassend angeben, dass verschiedene Diagramm-Typen mit vollem Recht als verschiedene *Medien* zur Formulierung und Fixierung von (zunächst) Unterscheidungen und (schließlich) von Relationen dieser Unterscheidungen erachtet werden können. Ihre *Medialität* geht freilich in einer Gattungsbestimmung keinesfalls auf, da diese (auch) als das Resultat der operativen Verwendung *vorheriger* Medium/Form-Unterscheidungen zu erachten ist. Die Transformationsmöglichkeiten, welche (wie in 3.3 ausgeführt) das Diagrammatische einer Darstellung ausmachen, berühren somit unmittelbar deren spezielle Medialität. Worin genau aber jede mögliche Kontingenz gesucht und gesehen wird, dies ist bereits eine beobachtende Unterscheidung, die eigentlich auf sehr verschiedenen medialen Ebenen angesiedelt sein kann. Unter den zahlreichen Formatierungen und Differenzierungen innerhalb der gestalteten Oberfläche: etwa in Relief und Zweidimensionalität, in Farbverläufe und graphistische Inskriptionen, in verschiedene Nutzungen der Spatialität – welche schließlich in verschiedenen Gattungen des *diagram proper* konventionalisiert wurden. Letztere, die Gattungen des Diagramms, stellen nur eine sehr spezielle (und voraussetzungsreiche) Perspektive auf seine Medialität dar. Ist von einer diagrammatischen Darstellung als ‚Medium' die Rede, muss der evolutionäre Stufenbau aus Medium/Form-Relationen daher stehts mitgedacht werden, welcher sich auf jeder Ebene als Differenz von Kontingenz zu Beobachtung anhand syntaktischer Schemata und daher: als diagrammatischer Transformationsraum angeben lässt.

Dennoch darf die diskursive Überformung der einzelnen Diagramm-Typen nicht übersehen werden. Wer zwei Größen, die sich in irgendeiner Weise ‚ähnlich' zu sein scheinen, in graphischer Form gegenüberstellen will, muss dazu auf soziokulturell vermittelte Darstellungsformen zurückgreifen, die allesamt über eigene funktionale Spezifika, historische Verwendungspraxen, diskursive Zuschreibungen und ungenannte Präsuppositionen verfügen. Sucht man in der Online-Enzyklopädie *Wikipedia* nach dem Begriff ‚Diagramm', erhält man eine Auflistung von 105 diskreten *Typen*, die allesamt zu eigenen Lemmata mit historischen und funktionalen Erläuterungen weiterführen.[131] Die Provenienz jedes Typs kann in den verschiedensten gesellschaftlichen Teilbereichen gefunden werden. Mit anderen Worten gesagt: Das Diagramm ist trotz eines hohen analog-ikonischen Anteils kaum weniger symbolisch überformt und kulturell erlernbar als unser Schriftsystem. Je nach Wahl des diagrammatischen Darstellungstyps sagt man nicht nur unterschiedliche Dinge über die verhandelten Größen aus, sondern vermittelt implizit auch weltbildliche oder ideologische Aussagen, die in die Form des Diagramms selbst eingeschrieben und mit ihm verquickt sind.

> Diagramme erzeugen Weltbilder im Sinne von Weltanschauungen. Diagramme, ob als topologische oder strukturorientierte Wissensbilder, folgen bei der Bedeutungs-Produktion keiner objektiven Verbildlichungsstrategie (Schmidt-Burkhardt: 178).

Die Konfiguration von Wissen ist bereits die Repräsentation eines Weltbildes. Das lässt sich anhand von *XKCD* besonders gut demonstrieren, in dem wiederkehrend mit den unterschiedlichsten Diagramm-Typen gespielt wird: Ach-

---

131 Vgl. <http://en.wikipedia.org/wiki/Diagram> (Letzter Zugriff: 08.08.2012). Die Online-Datenbank *Wikipedia* wird nicht als wissenschaftliche Quelle erachtet, darf aber repräsentativ dafür gesehen werden, wie diversifiziert der Begriff ‚Diagramm' bereits im populären Gedächtnis ist.

sen-, Kreis-, Torten- und Balken-Diagrammen, Tabellen und *Flow-Charts*. Anhand dieser sehr heterogenen Klassen von ‚Wissensbildern' kann einerseits gezeigt werden, wie sich das Schlussfolgerungsmedium überhaupt erst in Vergleich und Gegenüberstellung dieser unterschiedlichen Typen des *diagram proper* konstituiert. Andererseits kann man sehen, dass eine ikonische Relation nicht außerhalb einer bestimmten Verwendungspraxis plausibel ist, jenseits der die Grenze zum Komischen leicht überschritten wird. Zwei Beispiele sollen herausgegriffen werden, die exemplarisch einerseits für die am häufigsten verwendeten Diagramm-Typen in *XKCD* stehen, andererseits auch gattungshistorisch bedeutsam sind: das Kreisdiagramm und das Achsendiagramm.

4.1.2. Das Kreisdiagramm

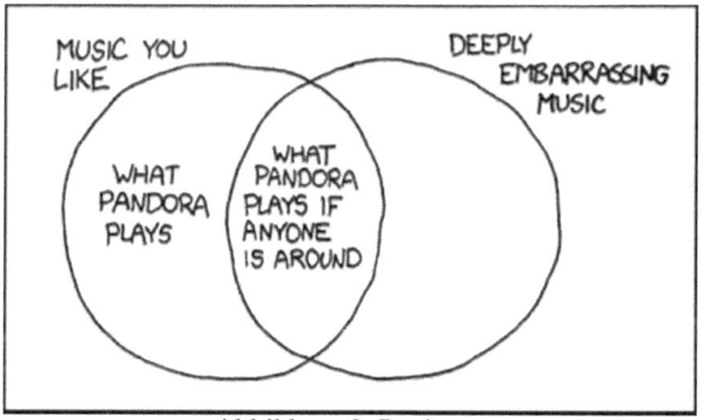

Abbildung 3: *Pandora.*
Mouseover-Text: „What? Oh, no, the ‚Enchanted' soundtrack was just playing because Pandora's algorithms are terrible [silence] … (quietly) That's how you knoooooooow …".

Strip 668, *Pandora*, zeigt zwei sich partiell überlagernde Kreise, die laut Beschriftung verschiedene Musikbereiche repräsentieren. ‚Pandora' ist ein amerikanischer Internet-Radiosender, der (ausgehend von bestimmten Algorithmen) die Song-Präferenzen seiner Nutzer auf ‚ähnliche' Musik abtastet. Im Abgleich mit den Bewertungen anderer Nutzer, die viele deckungsgleiche Präferenzen angegeben hatten, erhält der Anwender somit im Idealfall nicht nur seine (eigene) bevorzugte Musik; er hört auch automatisiert Songs, die er zwar nicht selbst ausgewählt hatte, die aber nach den Algorithmen eine hohe Wahrscheinlichkeit besitzen, auf sein Wohlgefallen zu treffen. Das *XKCD*- Kreisdiagramm *Pandora* zeigt nun zwei Mengenbereiche: den der Musik, die man gerne hört („Music you like"), sowie den der Musik, die einem zutiefst peinlich ist („deeply embarrasing music"). Während der Teilbereich des „music you like"-Zirkels, der nicht in der gemeinsamen Schnittmenge liegt, die zusätzliche Bezeichnung „what Pandora plays" aufweist, ist der überlagerte Bereich mit „what Pandora plays if anyone is around" betitelt. Die Aussage wäre ‚übersetzt' relativ simpel: Jeder verfügt über einige musikalische Vorlieben, derer er sich normalerweise nicht öffentlich rühmen würde, da sie nicht *en vogue* sind. Durch das automatisierte Radio-Programm von Pandora kommt es nun dazu (so ließe sich das *diagram proper* transkribieren), dass dann (und nur dann) solche enthüllenden Songs gespielt werden, wenn fremde Zuhörer im Raum sind, die somit Einblicke in den ‚*guilty pleasure*-Bereich' des eigenen Geschmacks erhalten.

Dieser sprachlichen Formulierung liegt eine Relation zugrunde, in der zunächst zwei ‚Dinge' zu stehen scheinen: gern gehörte Musik und solche, die einem peinlich ist. Es ist kein Entsprechungsverhältnis, denn offensichtlich handelt es sich nicht um dieselben Größen (keiner hört *nur* Musik, für die er sich schämt). Es handelt sich, geradezu exemplarisch, um die syllogistische Prämisse, „einige A sind B", „einige Songs, die ich höre, sind mir peinlich". Kompliziert wird die Sache nun aber dadurch, dass die Teilbereiche sich exakt mit der Demarkationslinie einer weiteren Klassifizierung decken – in relationalem Zusammenhang stehen –, nämlich der Musikauswahl von Pandora. Stellt man die genauere Differenzierung, ob nun Zuhörer im Raum sind oder nicht, hinten an, so ist Pandoras Musik-Auswahl *insgesamt* identisch mit dem Bereich „music you like". Die ‚ikonische Suggestion', die von „Musik, die Pandora spielt" zu „Musik, die man mag" auszugehen scheint, wurde durch ein Identitätsverhältnis ausgedrückt. Unter welchen Prämissen und Gesichtspunkten auch immer, die ungenannt bleiben; das Relevante an der Ähnlichkeit (zwischen Pandoras Musik-Auswahl und eigenem Geschmack) scheint, vor dem Horizont der hier getroffenen medialen Formulierung, die Übereinstimmung zu sein. Diese Überidentifikation mit einem möglichen Werbeslogan wird aber dadurch relativiert, dass eine zweite Relation ins Spiel kommt: Jene zu dem Bereich der peinlichen Songs. Hier nun liegt die eigentliche Pointe der Darstellung, die vor allem in den medialen Möglichkeiten des Diagramms beruht: nicht nur, dass Pandora manchmal, hin und wieder oder oft (auch) ‚*guilty pleasure*-Favoriten' an Dritte ausplaudert: In Form dieses *diagram proper* wird diese Relation wiederum als präzise Identität behauptet, die entlang der bereits bestehenden Demarkationslinie verläuft. Wenn andere im Raum sind, spielt Pandora *ausschließlich* Peinliches. Die Unterteilung zwischen der Musik, die Pandora im Privaten und vor Zuhörern zum Besten gibt, verläuft nicht etwa in der Nähe, entlang, oder ungefähr am Grenzbereich zum Peinlichen – es besteht eine vollkommene Entsprechung. Das ist vor dem Hintergrund der medialen Möglichkeiten besonders deswegen bemerkenswert, da relationale Kreisdiagramme *gerade* die Möglichkeit böten, analoge Schnittbereiche von Teilmengen zu definieren, anders als heuristische (digitale) Ausdrücke wie „einige" oder „die meisten". Auch wenn das Schema nicht sonderlich voll ist (fast alle Aspekte sind in ihrer Funktion kontingent), die Charaktere könnten, in syntaktisch dichter Weise, stets noch eine weitere unterscheidende Einheit zwischen je zwei Bildpunkten (Marken) aufweisen. Insofern stellt der explizite Verzicht auf die medial gegebene Möglichkeit zur subtilen Relationierung (zwischen „deeply embarrassing music you like" und „what Pandora plays if anyone is around"), etwa in Form eines weiteren Mengenkreises, den subversiven Mehrwert der Darstellungsform dar. Eine mögliche (hypothetische) Erklärung dafür lautet: Die Optionen zur analogen Darstellung der Inklusion/Exklusion-Verhältnisse werden provokant ignoriert.

Eine andere Erklärung verweist auf den kulturellen Wissensbestand: Wenn Munroe hier Euler-Diagramme anzitiert, was aufgrund der Nähe zum syllogistischen „einige-aber-nicht-alle"-Verhältnis der Grundgrößen nahe liegt, so weiß der geübte Nutzer: Euler-Diagramme sehen gar keine *relationalen* Inklusions-Verhältnisse vor. Wie stark die Überlagerung zweier Euler-Kreise ist, ist im Verwendungs-Kontext kontingent, da sie ausschließlich den Gehalt syllogistischer Propositionen veranschaulichen und somit nur ‚alle', ‚manche' oder ‚keine' kennen. Warum aber wird überhaupt die Form des Kreisdiagramms gewählt, um die Zusammenhänge zwischen Pandora und verschiedenen Musik-Vorlieben auszudrücken? Man muss sich zunächst klarmachen, dass dies *nur eine* mögliche Wahl des Darstellungssystems ist, um die suggestive Ikonizität der Assoziation auszudrücken.[132] Nicht nur, dass wirkliche ‚Übersetzungen' zwischen verschiedenen Typen unmöglich sind; sie würden auch dem eigentlichen Zweck der Darstellung zuwiderlaufen:

> Wenn wir annehmen, dass es sich [bei verschiedenen Diagramm-Typen – L.W.] um verschiedene Werkzeuge zur Bewältigung unterschiedlicher Aufgaben handelt, scheint „Übersetzbarkeit" kein entscheidendes Kriterium zu sein. Im Gegenteil: Es scheint geradezu darauf anzukommen, eine andere Sicht der Dinge zu gewinnen (Wilharn: 149).

Gleichzeitig ist jede Darstellungsform mit einer eigenen Rhetorik behaftet, die mit ihrer Geschichte der üblichen Verwendungen verknüpft ist, wie auch im Falle der Kreisdiagramme. Eine überflugsartige Historisierung soll diese besondere Rhetorik deutlich machen. Daran lässt sich exemplarisch sehen, dass die Wahl einer Darstellungsform stets mit Praktiken verknüpft ist, die einen konnotativen Überschuss zu der reinen (syntaktischen) Aussagefähigkeit eines Diagramms darstellen.

Euler-Diagramme stellen wissenschaftshistorisch wohl den ersten Versuch dar, rein logische Bezüge anschaulich zu machen und dafür ein System der Darstellbarkeit zu formalisieren.[133] Obgleich wissenschaftliche Darstellungen, vor allem aus dem Bereich der Geometrie und der Naturwissenschaftsdarstel-

132 Ebenso denkbar wäre ein Achsendiagramm, das der Musik-Wertschätzung einen Y-Wert zuordnet, der Häufigkeit (mit der Pandora diese in Anwesenheit von Fremden spielt) einen X-Wert. In diesem Falle wäre die Unterscheidung, ob man die Musik mag (oder nicht) in analoger (dichter) Weise skaliert möglich, anders als in der digital (differenziert) getroffenen Einschluss/Ausschluss-Optionen. Ebenso wäre es selbstverständlich möglich gewesen, die verschiedenen Aspekte der Relation (Pandora, Zuhörer im Raum und Musik-Vorlieben) ganz anders in Bezug zu setzen, als Balken-Diagramme (die hier dargestellten Schnittbereiche als verschieden hohe Türme) oder als *Flow-Chart* (‚wenn-Leute-im-Raum-sind-dann..., wenn-nicht, dann...'). Jeweils würden die Möglichkeiten des Darstellungs-Systems zu anderen Konfigurationen von Differenziertheit, Disjunktivität und Fülle genutzt.

133 Dies ist nicht unumstritten. Christian Weise kam Euler vermutlich einige Jahre zuvor darin, Mengenlehren zu veranschaulichen. Weises Arbeiten wurden jedoch erst posthum veröffentlicht, Verbreitung und Bekanntheit der Darstellungsart konnte Euler für sich behaupten (vgl. Bernhard: 71).

lungen, eine längere Tradition haben,[134] nimmt Eulers Veranschaulichung der Mengenlehre eine besondere Stellung ein. Sie unterhält eine besondere Beziehung zur antiken und scholastischen Syllogistik, der Lehre, von zwei sprachlichen *Prämissen* (Obersatz und Untersatz) sichere Rückschlüsse auf eine *Konklusion* ziehen zu können. Da sich aus den möglichen Kombinationen „alle", „keine" und „einige" vier Figuren[135] und 64 Modi[136] ergeben, sind 256 mögliche ‚Schemata' (Formen)[137] des Syllogismus denkbar. Antike (und später die mittelalterliche Scholastik) entwickelten ein System von Konfigurationsregeln in Form von Rückführungen und Distributions-Gesetzen, mit denen sich bestimmen lässt, ob eine syllogistische Aussage wahr oder falsch ist, in welcher *erlaubten* Relation also die beiden Sätze zueinander stehen können.[138] Was sich mit den Distributionsregeln tun lässt ist ausnahmslos darauf beschränkt, komplexere Syllogismen auf die vier einfachen Grundformen, jene „vier vollkommenen Schemata" (Aristoteles nach Bernhard: 38) zurückzuführen – und insbesondere auf *Barbara*: Der basale Schluss der Form ‚wenn alle A B sind, und alle B C sind, dann sind auch alle A C'. Unter den 256 ‚Schemata' „gibt es also 4 Schemata, deren Allgemeingültigkeit evident ist und 20, die auf diese 4 zurückführbar sind" (ebd.).

Das logische Problem, welches Bernhard in seiner Untersuchung der Euler-Diagramme rekonstruiert, besteht darin, dass es in der antiken und scholasti-

---

134 Zur Geschichte des Diagramms von der Antike bis zur Neuzeit, vgl. Bonhof.

135 Meint die Position des ‚Mediums', also des doppelt auftretenden (verbindenden) Begriffs in Ober- und Untersatz (vgl. Bernhard: 20).

136 Meint das Tripel aus Kombinationen der konstanten Urteilsformen, also ‚keine', ‚alle', ‚einige', die in jedem der drei Sätze die Terme verbinden (vgl. ebd.: 21).

137 Da ein *Schema*-Begriff mit Goodman bereits eingeführt ist und eine völlig andere Bedeutung hat, soll er hier in Anführungszeichen bleiben.

138 Die Syllogistik kann daher mit jedem Recht als diagrammatisches Darstellungssystem von operationaler Ikonizität betrachtet werden, das alle Anforderungen erfüllt, die Peirce an ein solches richtet: Es lassen sich Aussagen über Relationen der Elemente untereinander treffen, die Regeln zur Anwendung sind widerspruchsfrei und eindeutig, man kann damit experimentieren und Umformungen vornehmen, welche Einsichten zu Tage bringen, die nicht explizit gefordert, aber auch nicht frei wählbar waren. Wenn ein Anwender die Transformationsregeln fehlerfrei beherrscht, so kann er in einem Syllogismus Relationen erkennen, die den repräsentierten Sätzen selbst zu Eigen sind.

schen Logik zwar nach den streng festgelegten Regeln der Anwendung möglich war, Sätze auf die *Barbara*-Form zurück zu führen. Nicht aber, diese selbst logisch zu beweisen. Sie schien einfach klar – evident – zu sein. Das Mittelalter bezog sich stets auf die Autorität der Antike, Aristoteles hingegen hielt die ‚vollkommenen Schemata' für „evident, d.h. ihre Allgemeingültigkeit sollte unmittelbar einleuchtend und deshalb *keines Beweises mehr bedürftig* sein" (ebd.: 23): Man ‚sah' es ja. An dieser problematischen Situation sollte sich bis zur Entwicklung der modernen, an der Mathematik orientierten Logik (in der zweiten Hälfte des 19. Jahrhunderts durch Frege, Russel u.a., vgl. ebd.: 14) nichts ändern. Zuvor allerdings führte Euler 1768 seine Diagramme ein, welche der Prinzessin von Anhalt-Dessau den Umgang mit logischem Schlussfolgern ‚einsichtig' machen sollten (und in einer späteren Veröffentlichung zu einem der meistgelesenstens Bücher der Weltliteratur wurden). Was Eulers Diagramme leisten, ist, den propositionalen Gehalt *aller* Syllogismen anschaulich zu machen, so dass auch ohne die Kenntnis der Umformungsregeln und Grammatiken sofort klar ersichtlich wird, was aus zwei Sätzen hervorgeht. Die Rückführung aller ‚Schemata' auf die (ungeklärte) ‚Evidenz' der vier Grund-‚Schemata' wird somit durch den „Urmodus der Evidenz" (Husserl nach ebd.: 72), die unmittelbare Anschauung am *diagram proper*, ersetzt. Wer sehr geübt im Umgang mit den Transformationsregeln war, mag auch auf den ersten Blick die Implikationen zweier Sätze erfassen; doch schon mit dem rudimentärsten Verständnis der Verwendung der Euler-Diagramme ist es möglich, die enthaltenen Relationen zu ‚sehen'.[139]

Dabei darf nicht übersehen werden, worin die Besonderheit dieser so ‚wahrnehmbaren' Darstellungsweise besteht, die sich in diskurs-analytischer Hinsicht in zwei Aspekten niederschlägt. Zum einen zeigt die Popularität von Eu-

---

[139] Vermieden werden muss hier erneut, ‚mentale Diagramme' zu postulieren (vgl. Fußnote 108) die etwa beim Schlussfolgern im Kopf entstünden. „Sowohl die Syllogistik als auch die Euler-Methode ist nichts anderes als die Bereitstellung eines Verfahrens" (ebd.: 55). Daher ist zum Zusammenhang logischen Schlussfolgerns und den *diagram proper* Bernhard nachdrücklich zuzustimmen, dass weder der Satz (‚dies ist so und so') noch das entsprechende Diagramm ein Urteil *sind* – beide repräsentieren es lediglich. „Ein Diagramm macht wahrnehmbar, was in Urteilen enthalten ist" (ebd.: 72).

lers Methode, auch außerhalb mathematischer Fachkreise (wo die Syllogistik damals kaum noch eine nennenswerte Rolle spielte), dass die Anschaulichkeit des Diagramms an ein breiteres Publikum gerichtet war. Während ein Verständnis der Syllogistik Experten vorbehalten war, gibt sich die diagrammatische Darstellung als ‚Entschlüsselung' der elitären Spezialsprache der Wissenschaft. Bernhard geht soweit, von einer „Egalisierung" und „Demokratisierung" (vgl. ebd.: 73f.) zu sprechen; auf jeden Fall aber einer Popularisierung. Erreicht wird dieser Effekt, und das ist der andere Aspekt, durch die ‚Evidenz', die der Darstellung offenbar zukommt, der offensichtlich auch dann noch zu vertrauen ist, wo man die Syllogistik nur noch mühsam durchschaut. Die leichtere Erlernbarkeit ist damit verschränkt mit einer scheinbar größeren Zuverlässigkeit. Dass die Richtigkeit der Euler-Diagramme nur innerhalb bestimmter Anwendungsbereiche Bestand hat – und jenseits davon mehrdeutig und implausibel wird –,[140] das überlagert der ‚Evidenzeffekt' glattweg. Eine Aussage, wie in *XKCD* 668, *Pandora*, in Form eines Euler-Diagramms zu treffen, ist daher stets vor dieser Verwendungs-Rhetorik zu verstehen: Sie behauptet unmittelbare Gültigkeit, in Verquickung zweier eigentlich verschiedener Momente: einerseits der leicht verständlichen Einsichtigkeit des Verfahrens; andererseits der zwingenden (logisch-mathematischen) Schlüssigkeit. Formallogisch ist diese natürlich streng bedingt. Jeder Syllogismus geht von der Überlegung aus, welche wahren Folgerungen sich aus *wahren* Annahmen ziehen lassen. Die vorige Richtigkeit der Ausgangsdaten und Angaben muss feststehen und liegt gänzlich außerhalb der Aussagefähigkeit eines Syllogismus – und eines Euler-Diagramms. Dies ist der Interpret aber in unterschiedlichem Maße bereit zu übersehen: im Falle der scheinbaren ‚Natürlichkeit' der anschaulichen Relationen offenbar viel eher als in weniger analogen, stärker formalisierten Schemata, denen man leichter misstraut. Ein Euler-Diagramm kann sich auf die Aristotelische ‚Ur-Evidenz' berufen, ohne die Strenge einer

[140] Es entstehen etwa Mehrdeutigkeiten und Widersprüche in der Segmentsemantik (ebd.: 97 f.). Ein Defizit, das in den optisch ganz ähnlichen, funktional aber stark unterschiedenen Venn-Diagrammen behoben werden sollte. Der Preis dafür ist in Form weniger selbstverständlicher und schwerer erlernbarer Verwendungsregeln zu entrichten, die den ‚Evidenz-Effekt' etwas eindämmen (vgl. auch Gurr: 323).

mathematischen Tradition preisgeben zu müssen. Eine Aussage über Pandoras Musik-Wahl in Form eines (anzitierten) Euler-Diagramms zu treffen, sagt damit weit mehr aus als es eigentlich leistet. Natürlich bleibt zu bedenken, dass diese Instrumentalisierung – hier – keinesfalls ernst gemeint ist und nur in komischer Maskierung auftritt. Hier wäre zur komischen Inkongruenz zurück zu kommen, deren Vorhandensein *Pandora* von zahllosen ernst gemeinten Euler-Diagrammen in Zeitungen, Nachrichtensendungen und Feuilletons unterscheidet (die vielleicht im Sachbezug nicht weniger problematisch sind). Zuvor aber soll ein weiterer Diagramm-Typ herangezogen werden, der zwar über ganz andere inhärente Semantiken verfügt, jedoch ebenfalls nicht außerhalb kultureller Praktiken gedacht werden darf.

4.1.3. Das Achsendiagramm

Abbildung 4: *Mu.*
Mouseover-Text: „As the CoFK approaches 0, productivity goes negative as you pull OTHER people into chair-spinning contests".

Strip 815, *Mu*, zeigt einen Achsengraph, dessen Y-Achse die Variable „Produktivität" verzeichnet, die X-Achse den „Reibungs-Koeffizienten des Bürostuhls". Wenn wir mit Achsendiagrammen vertraut sind, wissen wir: Beide Größen korrelieren unmittelbar miteinander, gemäß dem Verlauf der eingetragenen Kurve. Nach der Darstellung ist die Arbeits-Produktivität am höchsten, wenn der Bürostuhl eine mittlere Reibung[141] aufweist. Sinkt diese, fällt auch die Produktivitätskurve rapide ab, nahe der Null sogar in den negativen Bereich. Die Zeichnung, die dem Graphen eingeschrieben ist, gibt den Hinweis zur Entschlüsselung dieser seltsamen ‚Hypothese': Je weniger Reibung der Stuhl aufweist, desto größer die Versuchung, sich damit im Kreis zu drehen, anstatt zu arbeiten. Der versteckte *mouseover*-Text kommentiert die Negativwerte dadurch, dass bei kaum vorhandener Reibung andere Mitarbeiter in Dreh-Wettbewerbe verwickelt werden und die Produktivität somit negative Bereiche erfasst.[142]

Was ist damit ausgesagt? Dass ein besonders drehbarer Bürostuhl uns hin und wieder dazu veranlasst, mit dem Drehmoment zu spielen, statt sich auf die Arbeit selbst zu konzentrieren; eine Erfahrung, die jeder nachvollziehen kann. Zwischen der Stuhlreibung und der Arbeits-Produktivität scheint also ein Zusammenhang zu bestehen, auf den man im ‚freien Spiel der Gedanken' stoßen kann. Daraus eine kausal determinierte, reziproke Relation zu vermuten, ist genau jene Überführung eines unbestimmten Ähnlichkeitsverhältnisses in eine präzise bestimmte Hypothese, die Wirth als Kern des abduktiven Prozesses benennt. Aus dem assoziativen zeitlichen Zusammenhang im Denkvorgang wird auf eine logisch-kausale Verursachung zurück geschlossen. Ein solcher Schluss kann plausibel sein, muss es jedoch nicht.[143] In solchen Überlegungen besteht die Transferleistung, die den Kern der Abduktion ausmacht: Nach-

141 Ein Schätzwert. In Ermangelung von Differenzierbarkeit der Charaktere des Schemas können genaue Angaben nicht vorgenommen werden.

142 Warum die Kurve jenseits des Maximums wieder abflacht, bei noch geringeren Dreh-Möglichkeiten also wieder die Produktivität beeinträchtigt, darüber darf spekuliert werden. In einem Online-Diskussionsforum werden gegenläufige Thesen vertreten. Manche bleiben im Kontext der ‚Ablenkung durch Spielmöglichkeiten' und verweisen intratextuell auf einen anderen *XKCD*-Strip, in dem Mitarbeiter Säbelduelle auf Bürostühlen zelebrieren – wozu eine gewisse Statik unentbehrlich sei (vgl. <http://forums.xkcd.com/viewtopic.php?f=7&t=65758> (Letzter Zugriff: 08.08.2012). Dass hier tatsächlich nachlesbare abduktive Überlegungen angestellt werden, ist bemerkenswert.

143 Ganz zweifellos besteht auch irgendein Zusammenhang zwischen der Rückkehr der Vögel im Frühling und dem Aufblühen der Bäume. Keinesfalls jedoch ließe sich daraus folgern, dass das eine Ereignis das andere kausal verursache, da beide von einem dritten Phänomen – dem Jahreszeitenwechsel – determiniert werden.

dem der Witz einmal darauf gestoßen ist, dass ein Zusammenhang, eine ‚ikonische Suggestion' zwischen den weit auseinander liegenden Dingen Stuhlreibung und Arbeitseffizienz besteht, formuliert die abduktiv aufgestellte Hypothese dies in Form eines medial etablierten Achsendiagramms. Damit bildet sie eine Theorie über die Gegenstände, die sicherlich ‚gewitzt' ist, insofern sie einen interessanten Zusammenhang überhaupt findet. Würde man sie ernst nehmen, sieht sie aber zunächst höchst albern aus, insofern uns eine Prüfung durch den *common sense* sagt, dass es mit der kausalen Relation nicht so weit her ist, da hier sicherlich zahlreiche Faktoren ausgeblendet werden. Dennoch: Eine seriöse, empirische Überprüfung der Hypothese, etwa mit hunderten von Testpersonen und verschieden eingestellten Stühlen, wäre in populärwissenschaftlichen Magazinen gar nicht einmal ausgeschlossen. Statistische Zusammenhänge zwischen Unvermutetem sind in jedem Wissensmagazin in großer Zahl zu finden.[144] Dass ein *durchschnittlicher* Zusammenhang herausgearbeitet werden könnte, der so (oder so ähnlich) wie in *Mu* aussähe, ist also nicht gänzlich abwegig. In diesem Falle wäre das resultierende Diagramm allerdings Ergebnis von (großen Mengen an) Messdaten, welche die Darstellung nur anschaulich zusammenfasst. In genau dieser Umkehrung der Forschungslogik besteht die Pointe von *Mu*, welche wiederum mit der historisch konventionalisierten Form des Diagramm-Typs zusammenhängt. Eine zweite überflugsartige Darstellung der Geschichte des Achsendiagramms wird deutlich machen, inwiefern bereits die Form der Relationierung auch hier die verglichenen Gegenstände präfiguriert und mit bestimmten Konnotationen versieht, die im Ergebnis komisch wirken.

Die Erfindung des Achsengraphen wird im späten 18. Jahrhundert verortet. Etwa zeitgleich beginnen J. H. Lambert und William Playfair damit zu experimentieren, große Mengen an empirischen Daten visuell zugänglich zu machen und so die bislang übliche tabellarische Auflistung zu optimieren. Der

---

[144] Vgl. auch das zweimonatlich erscheinende Magazin *Improbable Research*, das seinen didaktischen Anspruch mit dem Slogan „Research that makes people LAUGH and then THINK" explizit an ‚witzige' Eindrücke rückbindet: < http://improbable.com/> (Letzter Zugriff: 08.08.2012).

Achsengraph erweist sich schnell als am wirkungsvollsten, bereits in Playfairs *the commercial and political atlas* von 1786 (in dem wohl die weltweit ersten Versuche unternommen wurden, Wirtschaftsdaten rein spatial auszudrücken). Alle der 44 Darstellungen des Atlas' sind (mit einer Ausnahme) Achsendiagramme, mit je einer Zeitachse und korrelierenden Datensätzen. Wenige Jahre später gibt Lambert die Invarianz der Zeitachse zugunsten flexibler Y-Werte auf.

> this meant, quite simply but quite profoundly, that any variable quantity could be placed in relationship to any other variable quantity, measured for the same units of observation (Lambert nach Tufte: 46).[145]

Entscheidend ist nun aber, dass das Achsendiagramm gewöhnlich stets zur Veranschaulichung bereits erhobener Messdaten eingesetzt wurde und wird. Wie schon aus Lamberts Terminus *variable quantity* hervorgeht, sind damit stets große Mengen an Messreihen und Daten gemeint, anders gesagt: quantitative empirische Erhebungen. Der Wissenschaftshistoriker Edward R. Tufte gibt dafür wiederum pragmatische Gründe an, auf die bereits Playfair und Lambert hinweisen:

> Time-series displays are at their best for big data sets with real variability. Why waste the power of data graphics on simple linear changes? [...] Instead, graphics should be reserved for the richer, more complex, more difficult statistical material (ebd.: 30).

Diese „Macht" (*power*) des Graphen wird auf Seiten der schnellen Erfassbarkeit großer Zusammenhänge zu verzeichnen sein, was im nächsten Abschnitt als besondere Funktionalität des *diagram proper* zu untersuchen ist. Für den Moment ist festzuhalten, wie die Logik des Forschens üblicherweise verläuft: Ein Achsendiagramm stellt große Mengen an Daten anschaulich zusammen, anhand derer erst Überlegungen – Hypothesen – über die Ursachen der Korrelation anzustellen sind:

---

[145] Die Dominanz des Achsendiagramms hält an: Nach Tufte nehmen Achsendarstellungen auch heute über 75% aller gedruckten Diagramme ein, mit ca. 900 Milliarden bis 2 Billiarden Exemplaren jährlich (vgl. ebd.: 10). Wenig überraschend ist dies auch der Typus, der in *XKCD* am meisten Verwendung findet.

> […] encouraging and even imploring the reader to assess the possible causal relationship between the plotted variables. It confronts causal theories that X causes Y with empirical evidence as to the actual relationship between X and Y (ebd.: 47).

Somit sind zwei Lesungen der humoristischen Achsendiagramme von *XKCD* denkbar: Die erste besteht darin, hier eine vorgängige empirische Forschung zu behauptet zu sehen, deren Resultate man nun etwa studieren könne. Die kausale Verursachung bleibt offen, der Betrachter darf selbst Hypothesen darüber anstellen. Der wissenschaftliche Forschungsprozess wird somit ironisiert und durch (behauptete) Unsinns-Messungen in Frage gestellt. Die zweite Lesung besteht darin, dass hier die Logik des Forschungsprozesses selbst auf den Kopf gestellt wird: Das Diagramm ist nicht Ergebnis langer Testreihen, sondern bereits die Form der initialen Hypothese selbst; das Ergebnis der Überprüfung wird somit vorweggenommen, Fehlbarkeit gar nicht einkalkuliert, eine Überprüfung übersprungen. Beides liegt freilich nicht so weit auseinander, wie es zunächst scheint, denkt man zur *economy of research* zurück. Kein empirisches Testverfahren wird ins Blaue hinein angestellt. Bereits vor dem Anstellen wird eine Vermutung über denkbare Zusammenhänge bestehen.[146]

Das Relationsverhältnis, das Munroe hier ausdrückt, erzählt also bereits in der Form des gewählten Diagramms zahlreiche (denkbare, hypothetische) Geschichten. Dass diese hier nun retroduktiv erschlossen wurden ist auf die komische Inkongruenz zurückzuführen, welche eine Erklärung für das verzeichnete Phänomen verlangt.[147] Wiederum lässt sich als Zwischenergebnis festhalten, dass die medial zugängliche Formgebung des Schlussfolgerns erheblich auf beide Seiten der Abduktion einwirkt: der des plausiblen, zielorientierten Forschens einerseits, der des Nachvollzugs komischen – weil unökonomischen – Missbrauchs andererseits. Als Scharnier dient wiederum die gewitzte Assoziation zwischen Ähnlichkeits-Suggestionen, die auf dem Schauplatz me-

---

[146] Die These etwa, dass zwischen dem Stuhlverhalten und dem Arbeitsverhalten ein korrelativer Zusammenhang bestehen *könnte*, müsste abduktiv gegeben sein, um statistisch überprüft zu werden – woraufhin sich wieder neue Hypothesen über die genauere Verursachung der Zusammenhänge anschließen könnten.

[147] Darauf wird, in allgemeiner Form, in Kapitel 5 zurück zu kommen sein.

dialer Konventionen – und Möglichkeiten – miteinander ausgehandelt werden.

4.1.4. Schlussfolgerungen: Mediale Formulierung

Die Bedeutung des *diagram proper* im Darstellen von Relations-Verhältnissen ist in zweierlei Hinsichten bemerkenswert, die im Anschluss an die getroffenen Überlegungen als *evidenz-bildend* und als *rhetorisch* herausgestrichen werden sollen. Einerseits bilden diagrammatische Darstellungen Relationen in einer Weise ab, die Selbstevidenz für sich beanspruchen. Zwischen zwei oder mehr Ereignissen der Alltagswelt einen witzigen, weil unvermuteten Zusammenhang zu entdecken und diesen zu behaupten, ist eine Sache. Dazu bedarf es aber etwa einer sprachlichen Formulierung, die meist mehr aussagt, als: „Es besteht eine gewisse Relation" – wie gezeigt wurde, muss diese suggestive Ikonizität begründet und auf einen faktischen Zusammenhang zurückgeführt werden. Die Rede bietet dafür etwa Strategien wie Argument, Begründung, Erklärung. Anders verhält es sich augenscheinlich damit, die Relationalität in Form eines *diagram propers* zu präsentieren, welches scheinbar noch keinerlei Interpretation der Relation liefert. Man könnte fast meinen, man blicke hier direkt auf den Kern der Wirth'schen Assoziations-Verhältnisse, quasi ihres verbalsprachlichen Überbaus und ihrer Interpretation entmäntelt. Ein Teil dieses Eindrucks entspringt der präsentativen Evidenzkraft des bildlichen Anteils des Diagramms, welches von den diskursiven Mechanismen der Schriftlichkeit weitgehend unberührt scheint.[148] Dennoch besitzt das Diagramm eine hohe rhetorische Funktion, welche in der Verschleierung der eigenen Diskursivität besteht. Wie sich zeigen ließ, ist keine der exemplarisch untersuchten Darstellungen eine ‚Relation an sich'. Im Gegenteil greifen die verwendeten Darstellungsformen auf teils über Jahrhunderte entwickelte Techniken zurück, die einerseits nicht außerhalb kultureller Praxen gedacht werden können, andererseits von instrumentellen Rhetoriken geprägt sind. *XKCD* reflektiert diesen Umstand selbst in einem anderen Strip, der treffend illustriert, wie tief so-

[148] Mehr dazu im nächsten Abschnitt.

ziokulturelle Implikationen mit den jeweiligen Medien verknüpft sind – diese Einsicht wird wiederum durch Witz eingeholt.

Abbildung 5: *Convincing.*
Mouseover-Text: „And if you labeled your axes, I could tell you exactly how MUCH better".

Strip 833, *Convincing*, bettet die Darstellung eines Achsendiagramms narrativ in eine konventionelle Comic-Erzählung ein. Die *dramatis personae* bestehen aus einem Paar. Sie will ihn davon überzeugen, dass es Zeit wäre, ihre Beziehung zu beenden. Als Begründung liefert sie keine verbalen Ausführungen, sondern präsentiert ein Achsendiagramm mit der Bezeichnung „our Relationship". Alles, was dem zu entnehmen ist, ist eine fallende Kurve mit sechs nicht näher bezeichneten Eintragungen. Nach einem prüfenden Blick stimmt er ihr zu, begründet dies allerdings damit, dass er gewiss besser ohne jemanden dran wäre, der nicht einmal die Achsen eines Diagramms beschriften würde. Der *mouseover*-Text fügt hinzu: „And if you labeled your axes, I could tell you exactly how MUCH better". Diese Pointe holt den Umstand ein, dass das völlig unbeschriftete Diagramm zunächst einmal tatsächlich *gar nichts* aussagt und auf nichts referiert. Ein Achsendiagramm, dessen Achsen über keine zugewiesenen Werte verfügen, die sie in Relation stellen können, dürfte nicht einmal als Diagramm gewertet werden, da hier (referentiell) keinerlei Relationen repräsentiert werden und (funktional) keinerlei Deduktions-Möglichkeiten bestehen. Dennoch referiert die anzitierte Form auf derart viele bekannte diagrammatische Darstellungen, dass sich für einen Betrachter unzweifelhaft Assoziationen einstellen. Aus unserer Vertrautheit mit diesem üblichsten aller

Graphen-Typen, der Zeit-Achsendarstellung, verknüpft man den horizontalen Wert automatisch mit einem Zeitverlauf, in dessen Abhängigkeit ein anderer Wert offensichtlich sinkt. Dass dieses (spatiale) Sinken von Eintragungen mit einem qualitativen Rückgang – einem Wertverlust – korreliert, geht selbstverständlich nirgendwo hervor. Es handelt sich weder um eine intrinsische Eigenschaft des Darstellungsmediums, noch um eine logische Folgerung gegebener Prämissen; lediglich die diskursiven Praktiken der Verwendung von Achsendiagrammen schreiben ihnen solche Tendenzen zu, die wir z.B. von Börsen-Notierungen und Temperatur-Vorhersagen kennen: Eine sinkende Kurve steht für eine Verschlechterung in Abhängigkeit zu zeitlichen Entwicklungen. Die witzige Einsicht, die in diesem Strip – gewissermaßen metareflexiv – ausgestellt wird, ist an die unterschiedlichen Umgangsweisen beider Protagonisten mit dem Medium des Achsengraphs gebunden. Während sie die Darstellung aus einer Alltags-Logik heraus liest, die durchaus plausibel ist, stellt sein Kommentar den Kontext der *eigentlichen* Verwendung von Diagrammen wieder her, welcher ein wissenschaftlicher ist. Das ‚witzige *Switchen*', das hier geradezu exemplarisch vorgeführt wird, besteht darin, im Verstehen der ‚Dummheit' (einem unbeschrifteten Graphen aufgrund diskursiver Zuschreibungen Sinn zuzusprechen) gleichzeitig die ‚Dummheit' nachvollziehend zu verstehen: Eine gewisse Plausibilität ist dieser Abweichung von wissenschaftlichen Standards keinesfalls abzusprechen, im Gegenteil: Sie lenkt unsere Aufmerksamkeit gerade auf die diskursive Überformung des Graphen. Anstatt die Erkenntnis-Funktion des Witzes (in Wirth'scher Manier) an dieser Stelle weiter auszuführen, soll nur darauf hingewiesen werden, was Munroe hier mit den Mitteln des Witzes über das Medium zugänglich macht: dass ein Achsendiagramm die epistemischen Dinge, die in ihm zur Anschauung gebracht werden, niemals ‚objektiv' darstellen kann, da schon reine Platzhalter-Werte, die noch auf keinerlei Episteme, Objekte oder Theorien referieren, durch das Darstellungsmediums eine konnotativen Bedeutung erhalten.

Ebensolche Überschüsse ließen sich für die anderen Diagramm-Typen nachzeichnen, seien es Torten- oder Balken-Diagramme, geometrische Skizzen, tabellarische Auflistungen oder *Flow-Chart*-Organigramme. In jedem dieser

Fälle werden die Möglichkeit zur analogen, intrinsischen Relationsbildung anders eingesetzt, um verschiedene Beziehungen überhaupt denkbar zu machen. In jedem lässt sich aber auch von soziokulturellen Praxen sprechen, die mit ihnen verbunden sind.

Was aber, wenn solche klar entwickelten Formen nicht gegeben sind? Um zum Ausgangs-Beispiel, *America*, zurückzukehren: Das Diagramm lässt sich zwar als ein ‚Zeitstrahl' interpretieren, der jedoch mit keiner so klaren Verwendungs- und Funktionsgeschichte versehen ist, wie es bei Euler-Diagramm oder Achsendiagramm der Fall ist. Diese Frage weist auf eine Problematik hinaus, die mit Henschels Sammlung der *wirrsten Grafiken* verbunden ist: Während Munroe sich häufig die Maske mathematischer Strenge anlegt, um sich mit klaren Diagramm-Typen auch deren streng geregelte Funktionslogik (und Grenzen) zu bedienen, scheinen viele Info-Grafiken im Gegensatz gerade *unter*definiert zu sein: Episteme und Begriffe sind zwar nicht sprachlich und linear angeordnet, bedienen sich anstelle einer Grammatik einem mehr oder minder definierten *ad hoc*-Vokabular von Pfeilen, Linien und geometrischen Formen. Von geregelten Verwendungskonventionen kann aber oft keine Rede sein, eher von einem „zum situativen Gebrauch geknüpfte[n] Netz von Instruktionen" (Wilharn: 150).

> Das existierende oder virtuelle Wörterbuch hat selbst nur lokale Geltung und steht im operativen Kontext der mit seiner und der dazugehörigen lokalen Grammatik gemachten Aussagen (ebd.: 139).

Die Frage nach *unter*definierten formalen Vorgaben betrifft aber auch den Anfangsgegenstand der Untersuchung, *America*. Was ist zu einer Darstellung zu sagen, der zunächst keine explizite Verwendungskonvention eingeschrieben ist? Dieses Problem führt zur Ausgangsüberlegung zurück, welche Rolle die ‚Anschaulichkeit' des Diagramms hier spielt, da diese als kleinster gemeinsamer Nenner aller als *diagram proper* verhandelten Gegenstände übrig bleibt. In beiden zuvor untersuchten Typen spielte die Ebene der intrinsischen (analogen) Relationalität eine – je verschiedene – Rolle darin, Unterscheidungen zu treffen und Entitäten zu formulieren, Zusammenhänge zu verschärfen oder abzumildern. In *America* dürfte die dichte Konfiguration[149] des Schemas sogar das entscheidende Merkmal sein, dass die getroffenen Größen von einer sprachlichen Aussage unterscheidet. In jedem Fall führt dies zur Frage der ‚Evidenz' zurück, die dem *diagram proper* – im Gegensatz zu rein konventionalisierten (differenzierten, disjunkten und/oder extrinsisch relationierten Darstellungsformen) zugesprochen wird. Damit begibt man sich auf heikles Gebiet, das von verschiedensten Wissenschaftstraditionen kontrovers diskutiert wird.

4.2. Der ‚Evidenz-Effekt' des *diagram proper*

4.2.1. Formen der Evidenz

Ludwig Jäger untersucht verschiedene *Schauplätze der Evidenz* und kommt zu dem Schluss, dass zwischen zwei Formen der kulturellen Evidenz-Erzeugung unterschieden werde müsse: zwischen *diskursiver* und *epistemischer Evidenz* (vgl. Jäger: 45ff.), die beide an die Prozessierung und Bewahrung kultureller Semantiken geknüpft sind, anders gesagt, um Strategien, Geltung zu behaupten.[150] Die erste Form muss in einem intersubjektiven Verfahren erstritten werden und bedient sich diskursiver Mittel wie Beweis, Argumentation und Erklärung. Von Evidenz ist hier auch unabhängig von individuellen „Überzeugungs-Erlebnissen" (ebd.) zu sprechen, da die Geltung auf gemeinschaftlichen Vereinbarungen basiere. Im Gegensatz dazu meint die (etwas kontraintuitiv betitelte) epistemische Evidenz meist den subjektiven Zustand unmittelbarer Gewissheit der semantischen Geltung von Zeichen. Sie ist damit an „sinnliche Gewissheit" (ebd.: 42)[151] gebunden, oder behauptet dies zumindest. Wieder gilt

[149] Zumindest soweit sie den Zeitstrahl betrifft.

[150] Die Autoren des Vorworts zu Jägers Beitrag wollen seine Überlegungen ausdrücklich nur auf sprachliche Formen der Evidenz-Erzeugung verstanden wissen (vgl. Cuntz et al.: 17). Zur begrifflichen Orientierung ist jedoch nichts dagegen einzuwenden, Jägers Dichotomie von diskursiver zu epistemischer Evidenz auf andere mediale ‚Schauplätze' auszuweiten.

[151] Jäger bezieht den Begriff aus Hegels *Phänomenologie des Geistes*, thematisiert ihn aber nicht weiter. Da hier nur funktionale Aspekte der ‚Anschauung' interessieren werden, wird auf eine weitere Bestimmung ebenfalls verzichtet.

es, ein Gros der Fragenkomplexe um die Opposition von Begriff und Anschauung zu umgehen, die sich hier anschließen ließen; stattdessen soll hervorgehoben werden, dass beide Formen der Evidenzbildung auf unterschiedlichen medialen Strategien basieren, welche auch das *diagram proper* umkreisen. Jägers Begriffspaar macht aufmerksam auf eine Paradoxie, über die zu sprechen man nicht umherkommt, will man die Leistungsfähigkeit des *diagram proper* ausloten: Einerseits scheinen die verhandelten epistemischen Dinge, welche die Darstellung in Relation zueinander stellt, in jener besonderen Anschaulichkeit hervorzutreten, welche irgendeinen Mehrwert gegenüber der rein symbolischen (extrinsischen) Beschreibung besitzt. Dies hängt zusammen, so wird zu zeigen sein, mit einem anderen Aspekt der ‚Evidenz', ihrer Leistungsfähigkeit für menschliche Rezipienten: ‚auf einen Blick' komplexe Zusammenhänge zwischen großen Wissensbeständen erfassen und bearbeiten zu können. Es handelt, so der Kunsthistoriker Andreas Gormans, um „visuelle Komprimierungsversuche eines Wissens, das sprachlich nur *mit erheblichem Mehraufwand* zu vermitteln wäre" (52; Hervorhebungen: L.W.). Andererseits aber wird damit gerade die Sichtbarkeit des Darstellungssystems selbst getilgt, wodurch die Ikonizität des dergestalt (Re-)Präsentierten sich den Anschein der medialen Unvermitteltheit verbuchen kann.

> Es wäre verfehlt anzunehmen, dass sich die epistemische Evidenz, deren Gegebenheitsmodus im Falle ihrer ungestörten Geltung die einer (medial) unvermittelten Gewissheit zu sein scheint, nicht ihrerseits – als das Ergebnis einer Vermittlung – symbolisch-medialen Prozessen, kurz: Evidenzverfahren verdankte (Jäger: 47).

Die Anschaulichkeit der epistemischen Gewissheit beruht also mitunter darauf, die Verfahren und Prozeduren unsichtbar zu machen, die sie erzeugen. Daten in Form eines vergleichenden *diagram proper* zu präsentieren, behauptet eine höhere Glaubwürdigkeit, welche auf der phänomenalen Abwesenheit ihrer eigenen Herstellungsverfahren beruht. Dies eingeräumt, gilt es doch zuzugeben, dass die Anschaulichkeit jene Eigenschaft des *diagram proper* ist, die als zentral gilt und zu der am meisten Forschung vorliegt – kritische wie affirmative. Ohne dabei die stark phänomenologisch geprägte Ebene zu betreten, auf der Jäger mit Alfred Schütz und Edmund Husserl argumentiert, lässt sich nach einer anwendungspragmatischen Komponente fragen, die auch die epistemische Evidenz auszeichnet. Wenn weiterhin weniger interessiert, was ein Diagramm substantiell *ist*, sondern welche Schlussfolgerungen man daran diagrammatisch ableiten kann – und wo deren Legitimation in Richtung des Komischen überschritten wird – so können die zahlreichen erkenntnistheoretischen, ästhetischen und vor allem phänomenologischen Debatten zum Thema ‚Evidenz' getrost ausgeblendet werden. Stattdessen lässt sich Jägers Vorschlag aufnehmen, Evidenz (auch) als ein spezielles Verfahren und eine Prozedur zu begreifen. Diese kommen, so lässt sich einleitend behaupten, a) speziell im Falle des *diagram proper* zum Einsatz und sind b) (auch) eng mit dem Anwendungsnutzen vor konkreten Problemstellungen verknüpft. Ein solcher Vorschlag zum Verständnis der fraglichen Evidenz kommt von Wöpking, der ‚Anschaulichkeit' auf eine konkrete Funktion des *diagram proper* zuspitzt: die Möglichkeit, ‚*free rides*' zu erhalten, i.e.: auf einen Blick zahlreiche Information entnehmen zu können, ohne jeweils einzelne Berechnungen durchführen und Überlegungen anstellen zu müssen (vgl. 48ff.). Diese Entdeckung entspricht der von Sun-Joo Shin, Stjernfelt oder Ernst herausgestrichene Definition von Ikonizität *per se*, nämlich: „other truths may be discovered than those which suffice to determine its construction" (Shin: 31). Die Frage nach *free rides* ist somit maßgeblich mit der verwendeten Vorstellung von Ikonizität verknüpft und zudem bestens in die pragmatische Perspektive von Wirths Aufwandsdifferenz integrierbar. Da Wöpking einen plausiblen Vorschlag zur Bearbeitung anzubieten hat, soll dieser anhand der Beispiele exemplarisch vorgeführt werden, um somit auch zur Ausgangsfrage – der Ikonizität von *America* – zurückkehren zu können.

4.2.2. Operative Einschränkungen und *free rides*

Jedes diagrammatische Schlussfolgerungsmedium ist ein Werkzeug, mit dem bestimmte Funktionen verknüpft sind. „The choice of one format instead of another to convey the data depends from the intention of the designer of emphazising different aspects of these data" (Giardino: 163). Während dieser Punkt im vorigen Kapitel eher aus diskursanalytischer Perspektive stark gemacht wurde, soll nun am Gegenstand selbst nach Mediendifferenzen gesucht werden, die nicht nur auf Zuschreibungen zurückzuführen sind. Stattdessen kann zwischen der Informativität und der Komputabilität von Darstellungssystemen unterschieden werden.[152] Diese Opposition setzt an einer grundlegenden Beobachtung von Shin an: Auch wenn Diagramme informatorisch identisch zu formalen Darstellungssystemen sind (die Informativität somit gleich ist), ist der Verwendungsaufwand für uns[153] geringer (vgl. Shin: 8). Der Terminus der *free rides*, den Wöpking für die Explikation dieser Frage verwendet, wurde von Atsushi Shimojima im Zuge von informations-theoretischen Untersuchungen vorgeschlagen (29ff.) und ist seither vielfach von kognitiv orientierter kommunikationswissenschaftlicher Forschung aufgegriffen worden (vgl. Gurr: 323).

> In diagrams it is often the case that when you present a set of information you will get some further information without having to do anything for it. In some cases the additional information logically follows from your original set of information. You get it for free. That is why it is called a free ride (Wöpking: 48).

Colin A. Gurr illustriert an einem einfachen Beispiel, was damit gemeint ist.

---

[152] Eine Unterscheidung, die auf die Kognitionswissenschaftler Jill Larkins und Herbert Simon zurückgeht (vgl. Shin: 8).

[153] Gemeint sind: menschliche Interpreten. Damit kommen auch gestalt-theoretische Überlegungen ins Spiel. Etwa, wenn wahrgenommene ‚Strukturen' des Darstellungssystems (konstitutive oder kontingente) sich alleine aus Gestalt-Gesetzen ergeben, die in menschlichen Wahrnehmungskonstanten begründet liegen (vgl. Gurr: 330).

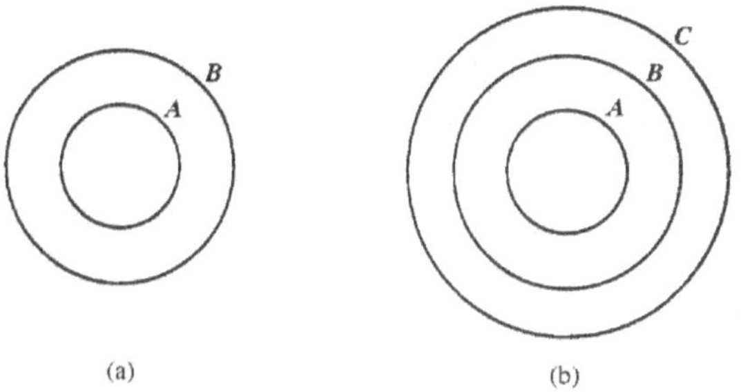

Transitivity in Euler's circles: (a) All *A* are *B*; (b) and all *B* are *C*

Abbildung 6: Transitivity in Euler's circles.

Die hier aufgeführten Figuren sind eine Repräsentation des mehrfach erwähnten *Barbara*-Syllogismus:

i. Alle A sind B

ii. Alle B sind C

iii. (Darum) sind alle A auch C.

Die Mengenverhältnisse werden im angeführten Euler-Diagramm nicht vermittels extrinsischer symbolischer Relationierung dargestellt, sondern intrinsisch durch räumliche Beziehungen mit gleichen Eigenschaften.[154] Das Diagramm präsentiert die Schlussfolgerung (iii) bereits ablesebereit, ohne dass man sie eigens anstellen müsste, da sie bereits physikalisch in der Formulierung von (i) und (ii) vorgegeben und enthalten ist. Wie bereits mehrmals ausgeführt: In (rein) extrinsischen Systemen vermittelt eine außerhalb der Darstellung vorliegende Syntax zwischen den Relationen der epistemischen Dinge. Das Euler-Diagramm ist zwar keinesfalls frei von symbolischen Anteilen, das *mapping* der Relationen wird allerdings durch entsprechende Relationen, einmal definiert, intrinsisch geregelt. „In the case of this example the difference does not seem to be much. But when dealing with much more complex

[154] Beide sind *transitiv, irreflexiv* und *asymmetrisch*. Formallogische Untersuchungen greifen auf zahlreiche Fachtermini zurück, die hier nicht eigens eingeführt werden sollen. Ausführlichere Analysen dieses Gegenstands sind (verschieden komplex) beispielsweise bei Bernhard, Gurr oder Shimojima zu finden.

representations the difference can be huge“ (Wöpking: 49). Dies betrifft etwa das Achsendiagramm, in dem gewaltige Datenmengen der gleichen intrinsisch geregelten Relationalität überantwortet werden können. Tufte verweist auf eine thermostratische Darstellung des New Yorker Wetters im Jahr 1980, die 1888 Eintragungen aufweist.

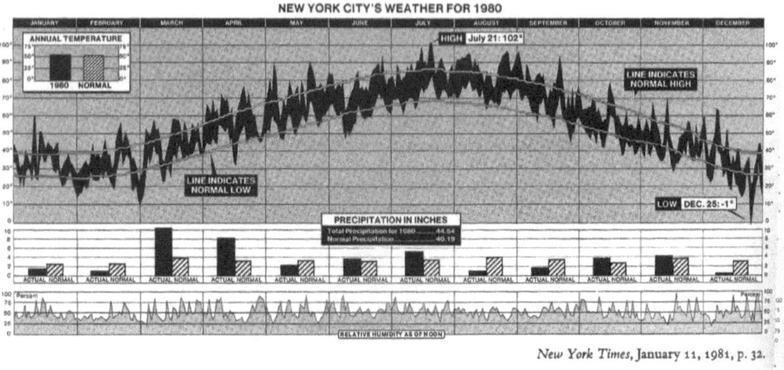

Abbildung 7: New York City's Weather for 1980.

Auf einen Blick lassen sich für den Betrachter Höchst- und Tiefstwerte isolieren, ungewöhnliche ‚Ausreißer' erkennen, Steigungsänderungen und Wendepunkte angeben oder verschiedene Zeiträume miteinander vergleichen. Jede dieser Überlegungen würde eigene Operationen erfordern, stünden alle Werte nur in tabellarischer oder in linearer (noch weniger vollen Schema-) Form zur Verfügung. Die Erfassung der obigen Darstellung erfordert dagegen deutlich weniger kognitive Anstrengungen. Schon für den erwähnten Erfinder, William Playfair, waren Graphen so „powerful“, da sie aus Daten in komparativer Perspektive visuelle Formen (*shapes*) generieren (vgl. Tufte: 32). Was aber ist darunter zu verstehen? Einerseits betrifft dies die analogeren Aspekte des Darstellungsschemas, insofern sich keine disjunkten und differenzierten Charaktere angeben lassen.[155] Kleinste Bereiche des Repräsentationsraums (des Sche-

[155] Streng genommen würde Goodman das Schema hier immer noch als endlich differenziert (nicht analog) begreifen, da die kontinuierliche Kurve nur extrapoliert ist, keiner stufenlos

mas) können so auf weite Bereiche einer dargestellten Struktur verweisen. Damit aber ist die ‚Anschaulichkeit' nur halb erklärt. Die Konfiguration des Schemas gibt zwar einen Hinweis darauf, wie der New Yorker Wetter-Graph überhaupt 1888 Werte auf derart kleiner Fläche unterbringt, nicht jedoch, warum unter bestimmten Fragestellungen einige wenige (relevante?) Markierungen ‚auf einen Blick' isolierbar sind: beispielsweise ein Höchstwert oder ein ungewöhnlicher ‚Ausreißer'. Besonders letzterer wirft diese Frage auf, da er in der gewählten Darstellungsform des Achsendiagramms beinahe ‚automatisch' auffällt, ohne dass man eigens eine Prüfung von etwaigen ‚optischen Homogenitätsbrüchen' in Angriff nehmen müsste. Das Medium garantiert geradezu, Abweichungen vom statistischen Mittel durch eine besondere räumliche Positionierung zu markieren: Die intrinsische Relationierung der Werte zueinander lässt gar keine andere Wahl. Während in Darstellungssystemen, deren Relationen extrinsisch und vollständig symbolisch geregelt sind (etwa der Differenzialformel) jede Beziehung zwischen zwei Größen sich auch anders vereinbaren ließe, solange sie nur in sich widerspruchsfrei definiert werden kann, sorgt die einmalige Unterwerfung des *diagram proper* unter physikalische, geometrische und topologische Vorschriften auch für physikalische, geometrische und topologische *Einschränkungen.* Wöpking bezeichnet diese als ‚*nomische* Einschränkungen', da sie physikalisch unhintergehbar sind. Es ließe sich zwar behaupten, dass 3 mal 5 die Zahl 20 ergäbe (und in einem anderen hypothetischen Zahlensystem könnte dies auch als korrekt definiert werden). Dass Höhe mal Breite eines Rechtecks aber in unmittelbarer Relation zu seiner Fläche steht, ist von geometrisch-physikalischen Konstanten festgelegt.[156] Auch hier ist das einmal gewählte Axiomsystem die Voraussetzung für Gültigkeit, etwa das Wissen um den Euklid'schen Raum (vgl. Hoffmann: 112). Akzeptiert man

undifferenzierten Messung entstammt. In den meisten Anwendungskontexten erweißt sich dieser Unterschied aber als trivial.

156 Selbstverständlich ist bei dieser Aussage Vorsicht geboten. Auch die Entwicklung physikalischer Darstellungssysteme ist eine Geschichte von Vereinbarungen und Konventionen, was nicht zuletzt der Übergang von einer Euklid'schen zur Riemann'schen Geometrie zeigt: Scheinbare Naturkonstanten erwiesen sich als wandelbar (vgl. Hoffmann: 88 ff.). Aussagen über die ontologische Beschreibbarkeit der Welt sollen hier tunlichst vermieden werden; wohl aber lässt sich über zwingende Folgerungen *einmal gewählter* Prämissen sprechen.

diese Prämissen, lassen sich bestimmte Variablen aber nicht mehr beliebig festlegen, da sie nun physikalischen Beschränkungen unterliegen und automatisch folgen:

> If the height of rectangles were modeled, say, by the volumes of spheres, and if the width of rectangles were modeled by their density, then the area of rectangles would be intrinsically represented by their mass (Palmer nach Wöpking: 46).

Die Leistungsfähigkeit eines *diagram proper* beruht daher für Wöpking und Shimojima paradoxerweise in seinen *Einschränkungen*, die physikalischer, topologischer oder geometrischer Natur sind. Ebenso, wie ich ein ‚rundes Quadrat' zwar benennen, aber nicht in eine materiell vorliegende geometrische Repräsentation überführen kann, ebenso kann ich die überraschenden ‚Ausreißer' eines Achsendiagramms *nicht* besonders markieren. Die nomischen Einschränkungen sorgen somit dafür, die Inferenzbildungs-Last auf Seiten des Interpreten zu mildern, indem sie Anteile der verhandelten Relationen prädeterminieren.[157]

Insofern handelt es sich bei dem *diagram proper* um eine Kulturtechnik. Ihr wesentliches Moment besteht darin, nicht nur die Möglichkeiten, sondern auch die Limitierungen räumlicher Strukturen dazu zu nutzen, ihnen Informationen zu übertragen. „Many, perhaps all, systems of diagrams have the function of letting the user to exploit spatial constraints on their graphical structure, and thus lightening the load of inferences" (Shimojima/Katagiri: 74). Das ist wiederum ein graduierlicher Prozess, kein kategorialer. Wie bereits in der syntaktischen Bestimmung und anhand der ganz grundlegenden Medium/Form-Differenzen gezeigt, kann die Spatialität stufenlos an Bedeutung gewinnen, von größtmöglicher Kontingenz bis zu größtmöglicher Motiviertheit. Darum

[157] Betont werden muss natürlich, dass auch die Schrift in denselben zweidimensionalen Raum eingeschrieben ist und sich deswegen zunächst nicht substantiell vom *diagram proper* unterscheidet. Martina Heßler und Dieter Mersch treffen die hilfreiche Unterscheidung zwischen zwei Formen von Räumlichkeit: Extensieller und topologisch differenzieller. Die erste bezeichnet schlichtweg den Umstand, dass jedes Repräsentamen eine Ausdehnung im Raum (oder auf der Seite) physikalisch einnimmt. Mit der „topologische Differenzialität" bezeichnen die Autoren allerdings eine Räumlichkeit, die der physikalischen und spatialen Dimension eine bedeutungstragende Funktion zumisst und ihr repräsentationale Aufgaben überantwortet (vgl. Heßler/Mersch: 27).

plädiert Gurr auch treffend dafür, von *cheap rides* (anstelle von *free rides*) zu sprechen (Gurr: 323). Verschiedenste Vereinbarungen darüber, wie physikalische Einschränkungen genutzt werden sollen, sind denkbar, mit jeweils eigenen Vor- und Nachteilen verbunden.[158] Darum gilt grundsätzlich für jeden Darstellungstyp: „If represented in this format, these data can make explicit relations among variables that would otherwise remain hidden in the linguistic format" (Giardino: 163). Eine Tabelle ist nützlich, um absolute Werte von Variablen zu kontrastieren (die physikalischen Einschränkungen der Räumlichkeit werden insofern bereits mehr genutzt als in einem linearen Fließtext ohne Zeilenumbruch – zu vergleichende Werte stehen sich *gegenüber*). Ein Balkendiagramm hingegen betont die *Unterschiede* von Werten, indem ihre Größe der intrinsisch relationalen Räumlichkeit überantwortet wird. Ein Achsendiagramm hingegen lenkt die Aufmerksamkeit eher auf Trends und Interaktionen, da hier Relations-Veränderungen eine geometrische Variation der Form bedingen können (vgl. ebd.):

> Once again, the spatial characteristics of the image constitute the constraints information conveying is subject to, but it is only because the observer knows the conventions used that she can give meaning to these perceptual elements and let them promote new inferences (ebd.).

Wodurch zeichnet sich eine ‚gute' Repräsentation schließlich aus? Kognitivistische und mathematische Antworten kehren heraus, dass die repräsentierte *world* und die repräsentierende *world* einander strukturell möglichst entsprechen müssen – sowohl was ihre Fähigkeiten, als auch was ihre Beschränkungen angeht. Der mathematische Begriff des *Homomorphismus* bezeichnet etwa den Fall, dass eine Struktur B alle Eigenschaften einer vorherigen Struktur A repräsentiert.[159] Anhand dieser strukturellen Entsprechung lässt sich so präzise

---

158 Die Nachteile, die man sich mit *nomischen* Beschränkungen einhandelt, sind hinlänglich bekannt, etwa den der Überspezifizierung: Es ist nicht möglich, ein Dreieck zu zeichnen, ohne nicht bereits ein *bestimmtes* Dreieck zu erstellen. Welche (auch nur gestalttheoretischen) Eigenschaften einer graphischen Darstellung relevant sind – oder nicht – ist oft unklar (vgl. Hoffmann: 49; Shin: 27; Barwise: 6).

159 Umgekehrt muss dies nicht der Fall sein: B kann Elemente aufweisen, die mit mehreren Elementen in A korrelieren (vgl. Gurr: 332). Dies ist etwa dann der Fall, wenn ein digitales Darstellungssystem in ein analoges übersetzt wird. Würde jedes Struktur-Element auch

bestimmen, wie effizient das *mapping* zwischen beiden ‚Welten' vermittelt. Anhand von logisch definierten Bestimmungskategorien wie *lucidity*, *soundness*, *laconicity* und *completeness* (vgl. Gurr: 333) argumentiert Gurr, dass „the stronger the match between diagram and represented world, the easier the diagram is to reason with and from" (ebd.).

Das Problem ist nur: Um eine solche Bestimmung vornehmen zu können, muss bereits eine originäre Struktur gegeben sein. Wenn sich die inhärenten Eigenschaften der Elemente einer *world* unzweifelhaft angeben lassen,[160] lässt sich deren strukturelle Repräsentation methodisch kritisieren. Dies setzt jedoch ein immer schon bestehendes ‚Diagramm' (im weit gefassten Sinne) voraus, das diese Eigenschaften aufweist. Es ergibt sich der bekannte Regress, glaubt man, eine Darstellung könne sich auf die Welt an sich beziehen, beziehungsweise durch ihre ‚Wirklichkeitsübereinstimmung': Um sagen zu können, dass ein *diagram proper* Komplexität vereinfacht oder reduziert, bedarf es stets Indizes (irgendwelcher Art) am Original, anhand derer sich der ursprüngliche Komplexitätsgrad bestimmen lässt.

> Vorausgesetzt würde in diesem Fall etwa ein Verifikationskriterium ‚Naturverhalten', das von bestimmten Repräsentationsanordnungen und Darstellungen unabhängige Beobachtungen oder Erkenntnisse zuließe, die dann als ‚zutreffende Version' den Objekt- oder Referenzbereich determinieren dürften. Der Regress ist offensichtlich. A' entpuppte sich als A" von A' von A, wobei nur auf den ersten Blick A die Rolle des ‚reinen' Naturverhaltens spielen könnte [...]. Eine erneute Abbildung wäre unausweichlich. Und so fort (Wilharn: 138).

Am naturwissenschaftlichen Beispiel des Feynman-Diagramms[161] demonstriert Heiner Wilharn hier, was in gesteigertem Maße für geistes- oder kulturwissenschaftliche diagrammatische Darstellungen gilt: Ein Verifikationskriterium für die intrinsischen Relationen besteht entweder gar nicht, wo es um den bloßen Ausdruck suggestiv empfundener ‚Ähnlichkeiten' geht – etwa im Beispiel von *Pandora* und verwandten Darstellungen; doch selbst im Falle des bestehenden

---

umgekehrt eine Entsprechung in A finden, so wären beide Darstellungen als *isomorph* zueinander zu bezeichnen

160 Beispielsweise Transitivität, Irreflexivität, Assymetrie etc. (vgl. Wöpking: 43).

161 Das die Flugbahn von Elektronen unter elektromagnetischer Wechselwirkung repräsentiert.

Daten-Materials von empirischen Forschungsreihen, wie sie *Mu* simuliert, liegen zwar epistemische Dinge (hier: Messdaten) unzweifelhaft vor, die von der Darstellung nur repräsentiert werden sollen. Doch wie sich zeigen ließ, macht der Typ der Darstellung verschiedene Aspekte der Relation sichtbar, betont einige, nivelliert andere; „man wird nicht sagen wollen, dass die Natur *selbst* eine besondere Form ihrer Darstellung favorisierte", schließt Wilharn (138). Noch weniger als die Natur ‚tut' dies eine Theorie über Zusammenhänge, die erst hervorgebracht werden sollen.

4.2.3. Schlussfolgerungen: Evidenz

Dies führt zur Ausgangsüberlegung zurück, die nun auch gegen jeden Naturalismus des ‚Evidenz-Effektes' gelesen werden kann: Was als zureichende diagrammatische Repräsentation aufzufassen ist, die ‚Bedeutung' hängt ab vom Verwendungskontext, in dem ein Diagramm steht.[162] Die Spezifik des *diagram proper* besteht, zusammenfassend gesagt, in einer speziellen Verquickung von nomischen Einschränkungen der Spatialität des Darstellungsmediums einerseits (Unterwerfung unter physikalische, topologische oder geometrische Regularien), mit einem verschieden analogen und vollen Darstellungs-Schema andererseits. Letzteres beruht auf kulturellen Absprachen, ersteres auf naturgegebenen Konstanten. In Verquickung dieser beiden Eigenschaften lassen sich nicht nur je andere Unterscheidungen treffen, als mit anderen Schlussfolgerungsmedien; die markierten Unterscheidungen nutzen die Rhetorik des ‚Evidenz-Effekts' auch je ganz verschieden aus. Besteht dieser, nach den getroffenen Überlegungen, darin, große Mengen an Zusammenhängen auf einmal wahrnehmbar zu machen, ohne jeweils einzelne Schlüsse anhand der Syntax der Darstellung ableiten zu müssen, so kann er unter Anderem in folgenden Strategien zum Einsatz kommen: Im Falle des Euler-Diagramms sorgt der ‚Evidenz-Effekt' dafür, die Aussagekraft zu erhöhen, da die *free rides* (die unmittelbare Einsichtigkeit von Schlussverfahren) hier eine Naturalisierung der vermittelten Relationen suggerieren. Im Falle von Playfairs Achsendia-

[162] Auch formallogisch ausgeführt bei Wilharn (138 ff.).

grammen dient der ‚Evidenz-Effekt' zunächst dazu, vermittels der *free rides* große Mengen an Daten überschaubar zu machen, was sich besonders vorteilhaft auf die Darstellbarkeit empirischer Messreihen auswirkt. Die Syntax des Darstellungsmediums begünstigt zudem Hervorhebung und Markierung von ‚Ausreißern' und Trend-Änderungen, da die spatial-nomischen Einschränkungen Zusammenhänge zwischen den Daten in wahrnehmbare geometrische Formen überführen. In beiden Fällen ist die Bedeutung der *free rides* und der mit ihr verbundenen ‚Evidenz' sowohl funktional als auch rhetorisch. In beiden Fällen steht sie jedoch in enger Beziehung zu einem Wissen des Interpreten, sowohl um Verwendungskonventionen des Mediums, als auch um dessen geregelte Funktionalitäten und Transformationsregeln.

Wenn diese Anschaulichkeit aber gerade *nicht* auf einen übermittelten Bestand an Transformationsregeln zurückgreifen kann, wie es in *America* der Fall ist, greift der ‚Evidenz-Effekt' offensichtlich etwas anders. Denn wenn ‚das Diagrammtische' in einer Beschränkung von Arbitrarität, in einer Unterwerfung unter die intersubjektiven Regeln des Darstellungssystems besteht, ergibt sich eine besondere Stellung für diese Klasse des *diagram proper* (die vermutlich auch das Gros der von Henschel gerügten *wirrsten Grafiken der Welt* ausmacht): Solche Darstellungen nämlich, die sich zwar nicht auf eine tradierte Form beziehen, welche vermittels formalen Vorgaben und Einschränkungen an spezielle Anwendungskontexte gebunden sind – denen, anders gesagt, strenge Transformationsregeln gerade völlig fehlen; die aber andererseits dennoch vermittels räumlicher Organisation und analogen Unterscheidungsmöglichkeiten „Überzeugungs-Erlebnisse" (Jäger: 45) des ‚Evidenz-Effekts' für sich beanspruchen wollen. Wenn Playfair schon 1786 fragt: „Why waste the power of data graphics on simple linear changes?" (vgl. Tufte: 30), kritisiert er damit bereits eine zu hohe Aufwands-Differenz zwischen den Möglichkeiten und dem Anliegen eines Graphen. Andererseits aber schenkt er der Rhetorik des ‚Evidenz-Effekts', welche *gerade* auch dort zum Tragen kommt, wo ein *diagram proper* vielleicht gar nicht notwendig wäre, kaum Beachtung. Dieser Effekt ist nämlich auch da noch wirksam, wo eine Darstellung längst unzweckmäßig ist, er scheint so ihre Verwendung unter der Hand zu legitimieren. Zwischen diesen beiden Polen, den Verwendungsmöglichkeiten der Infografik und der ihr eingeschriebenen Suggestion von maximaler Effizienz durch *free rides*, bewegt sich das ‚Dumme' des Diagrammatischen.[163] Um die ‚Komik' dessen zu erklären, kann nun mit Wirths Theorie die witzige Assoziation einerseits mit der Aufwandsdifferenz ökonomischen Schlussfolgerns andererseits zusammengeführt werden. In einem abschließenden Abschnitt dieses Kapitels soll das *diagram proper*, dessen mediale Spezifika in den vorangegangenen Abschnitten bestimmt wurden, noch einmal vor dem Hintergrund der *economy of research* betrachtet werden.

4.3. Die pragmatische Dimension des *diagram proper*

4.3.1. Das Diagrammatische des Abduzierens

Das praktische Operieren am *diagram proper* wird von Peirce selbst paradigmatisch als Modell[164] für jede Art des Schlussfolgerns verstanden, und ist damit untrennbar mit dem Dreischritt aus Abduktion, Deduktion und Induktion verknüpft. Wirth erwähnt dies freilich nur am Rande. Dass diese prozessuale Perspektive auf das Diagrammatische aber als Scharnier zwischen der Frage nach Ikonizität und der Frage nach Hypothesenbildung fungiert, kann auf zwei Ebenen untersucht werden. Die erste betrifft die innere Logik des Hypothesenbildungsprozesses selbst, wie er in 2.1.1 beschrieben worden ist. Peirce

---

163 Natürlich gibt es zahlreiche Untersuchungen zur angeblichen oder situativen Effizienz des *diagram proper* (einerseits wissenschaftshistorisch, andererseits logisch-mathematisch, auch in Form praktischer Ratgeber vgl. bereits Fußnote 5). Ein ungünstiges Diagramm, das gewisse Standards verletzt, wäre aber aus Wirths Perspektive nicht zwangsläufig ‚dumm' – oder komisch. Auch dürfte zu bezweifeln sein, dass etwa allzu viele der Strohmänner, die Dona Wong in ihrem Ratgeber *Die perfekte Infografik* als Negativ-Beispiele anführt, es in Henschels Sammlung geschafft hätten: Die ‚Verstöße' werden oft erst nach längerer Ausführung ersichtlich. Das ‚Dumme' ist also noch einmal anders gelagert als das bloß Ineffiziente. Es geht nicht in einer bloß schlechten Übermittlung vorhandener Informationen auf, sondern greift viel früher: in der bereits implausiblen Spekulation über *mögliche* Zusammenhänge.

164 Mit Bauer/Ernst zugespitzt formuliert: Das *diagram proper* fungiert quasi selbst als Diagramm für diagrammatisches Denken (48). Damit ist man zugegebenermaßen bei der „denkbar größte[n] Verallgemeinerung des Diagrammatikkonzepts" (ebd.).

denkt diese nämlich unmittelbar als *diagrammatische* Operation.[165] Eine kurze theoretische Zusammenführung des semiotischen Dreischritts einerseits mit diagrammatischen Transformationen andererseits führt jedoch zu einer gegenständlichen Ebene zurück, die den konkreten Umgang mit dem *diagram proper* betrifft.

„Let us construct a diagram to illustrate the general course of thought". Mit diesen Worten leitet Peirce ein berühmtes Gedankenexperiment in einer Pragmatismus-Vorlesung ein (nach Shin: 21). Was darauf folgt, ist eine Hypothese, die bestimmte Implikationen nach sich zieht, andere ausschließt.[166] In seinen späteren Jahren erweitert Peirce sein Modell des semiotischen Dreischritts um eine Binnenlogik, die gar nicht mehr ohne eine Dimension des Diagrammatischen zu denken ist. Die Schritte des Schlussfolgerns (Abduktion, Deduktion und Induktion) lassen sich dadurch umformulieren:

> By diagrammatic reasoning, I mean reasoning which constructs a diagram according to a percept expressed in general terms, performs experiments upon this diagram, notes their results, assures itself that similar experiments performed upon any diagram constructed according to the same percept would have the same results, and expresses this in general terms (Peirce nach Bauer/Ernst: 65).

Jede Abduktion, die eine assoziative Hypothese formuliert, kann dies nie in einem zeichenfreien Raum tun. Sie muss sich innerhalb eines „Diskurs-Universums" bewegen, auf intersubjektive Regularitäten zurückgreifen, um Relationen überhaupt formulieren zu können. Für Hoffmann ist das Aufstellen von Hypothesen daher fast gleichbedeutend mit der Konstruktion eines Diagramms.[167] Ist somit erst einmal eine grundlegende Darstellungsform ge-

165 Zu klären, inwieweit dies tatsächlich als Modell fungiert (oder jede Erkenntnisentwicklung *aufgrund* diagrammatischer Prämissen vonstatten gehen kann), kann hier nicht geleistet werden. Mit einiger Ausführlichkeit hat dies Michael Hoffmann anhand der Entwicklung von Mathematik und Geometrie diskutiert (vgl. 85-122).

166 Peirce spielt einen platonischen Dialog mit einem hypothetischen General durch, den er von der praktischen Anwendbarkeit von Diagrammen überzeugt. Diese *These*, die den Inhalt des imaginierten Dialogs bildet, ist für Peirce selbst bereits ein ‚Diagramm', in der weitesten möglichen Lesung.

167 Er illustriert dies folgendermaßen: Wenn unser „Diskurs-Universum" beispielsweise aus einem Blatt Papier und den Transformationsregeln der deutschen Grammatik besteht, so

funden, die eine solche Proposition formuliert, kann Verschiedenes durchgespielt werden.[168]

Im ersten Schritt jeder Hypothesenbildung muss somit zunächst eine Darstellungsform festgelegt werden, innerhalb der eine Relation überhaupt zu einer Relation wird. Hat man diese Darstellung einmal gefunden, kann man regelgeleitete Transformationen vornehmen und frei experimentieren: nach Ableitungen und Implikationen suchen, die zuvor nicht sichtbar waren.

> Der zweite Schritt, den wir hier als das Experimentieren mit Diagrammen [...] behandelt haben, ist offenbar genau das, was oben erkenntnis- und wissenschaftstheoretisch als deduktive Ableitung von Implikationen des abduktiv Erschlossenen diskutiert worden war (Hoffmann: 141).

---

kann man probeweise die Worte „Sokrates Theaitetos sitzt steht und" einschreiben (vgl. Hoffmann: 128). Damit lässt sich nicht viel anfangen. Einerseits lässt sich diese Wortfolge nicht im oben verstandenen Sinn als diagrammatisch-ikonisches Zeichen interpretieren, da sich über keine bekannten Regeln erlaubte Transformationen durchführen lassen. Untrennbar damit verknüpft bezeichnen die Wörter andererseits keine zu prüfende Hypothese, die sich in Form eines Relations- oder Ähnlichkeits-Verhältnisses ausdrücken ließe. Anders verhielte es sich, schriebe man die Terme und Kopula um in „Sokrates sitzt und Theaitetos steht". Dies ist zwar keine Hypothese im abduktiven Sinn („wenn es wahr wäre dass, dann..."), definiert aber ein klares Verhältnis von zwei Größen (Personen) namens Sokrates und Theaitetos, die in differenter Weise zueinander bestimmt werden (sitzen vs. stehen). Dieses Verhältnis ist für den kundigen Interpreten als Proposition zu verstehen, von der aus weitere Überlegungen angestellt werden könnten.

168 Zweifellos ist es eine steile These, ‚das Diagrammatische' der Sprache dergestalt zu behaupten. Auch die Unterscheidung von grammatikalischen und lexikalischen Strukturen greift bei Weitem zu kurz. Stjernfelt deutet an, dass in jedem gewöhnlichen Satz logische, morphologische, grammatikalische und ontologische diagrammatische Strukturen verquickt interagieren (vgl. Stjerntfelt: 68). Es muss daher noch einmal darauf hingewiesen werden dass – in Enthaltung zu Hoffmann (128 ff.), Bauer (128 ff.) oder Stjerntfelt (66 ff.) – das sprachliche Diagramm, gewissermaßen in ‚weicher' Lesung Peirces, hier nur als *Modell*-Vorstellung dafür gesehen wird, wie die konstruierte Relation zwischen ‚Sokrates' und ‚Theaitetos'in Fußnote 166 anschaulich gemacht werden *könnte*. Dass ‚sitzen' und ‚stehen' lexikalische Oppositionen bezeichnen, ist auf einer kulturellen Ebene festgelegt, die nur unter erheblicher Ausweitung des Diagramm-Begriffs einbezogen werden könnte. Auch wenn es dafür zahlreiche Vorschläge gibt: die Pointe dieser Untersuchung liegt woanders. Die Leistung einer Darstellung in Form eines *diagram proper* bestünde darin, diesem implizit empfundenen oder auch nur behaupteten Relations-Verhältnis eine intersubjektiv *sichtbare* mediale Form zu geben, indem man ‚sitzen' und ‚stehen' einander räumlich-topographisch gegenüberstellt.

Insofern bezeichnet Hoffmann die Deduktion auch als „von vornherein ‚diagrammatisch'" (ebd.: 151).[169] Stjernfelt unterstreicht das Zusammenspiel des *notwendigen* Schlussfolgerns mit dem rein Möglichen der Hypothese: „The knowledge obtained by diagrammatical reasoning is certain and at the same time hypothetical. It depends on accepting the diagram as a hypothesis and then deriving necessary implications from that hypothesis" (62). Somit kann man, nachdem eine diagrammatische Relation einmal definiert (und vorübergehend akzeptiert) ist, durch Herumprobieren stets noch mehr herausfinden, als zur Entwicklung der Darstellung notwendig war. Durch das Experimentieren mit dem Diagramm und der Beobachtung der Ergebnisse wird es möglich, „to discover unnoticed and hidden relations among the parts" (Peirce nach Hoffmann: 137). Das einfachste Beispiel dafür ist die Landkarte, der ich durch Vergleiche die Relationen aller beliebigen zwei Wegstrecken zueinander entnehmen kann, um die kürzeste Distanz zu finden. Auch lässt sich die exakte Entfernung zwischen allen zwei Punkten ermitteln, indem man die Karten-Distanz misst und mit dem Verkleinerungsfaktor multipliziert. Dass dies einfacher als bei vollständig symbolischen Darstellungssystemen möglich ist, ist auf die operationalen (nomischen) Einschränkungen zurückzuführen. Es lässt sich deduktiv Wissen generieren, das aufgrund der operationalen Ikonizität bereits implizit enthalten ist.

Die dem Diagrammatisierungssystem immanente Regularität leistet somit, zusammenfassend, zwei Dinge: Zum einen steckt sie den Rahmen *möglicher* Schlussfolgerungen ab. Zum anderen aber determiniert sie den Bereich *notwendiger* Implikationen. Beides kommt darin zusammen, dass man im probewei-

[169] Am Modell der Sprache – in dem wir deduktive Schlüsse zumeist führen – lässt sich dies, wie argumentiert, nicht schlüssig belegen. Klar ist jedoch, dass die Konjunktionen, die in propositionaler Logik nur formalisiert wurden (*und, oder, nicht, deswegen, wenn-dann, nur* etc.) ebenso wie linguistische Quantifikatoren (*alle, keine, manche* etc.) eine Struktur vorgeben, innerhalb derer Transformationen möglich sind (vgl. Stjerntfelt: 64). Intuitiv würde man gewiss zustimmen, dass, wenn Sokrates sitzt und Theaitetos steht, damit automatisch auch gesagt ist, dass Theaitetos nicht sitzt und Sokrates nicht steht. Es wäre damit wohl ebenfalls impliziert, dass beide *nicht* liegen und dass, stünde Sokrates auf, *beide stehen würden*. Dass dies sinnvolle und notwendige deduktive Transformationen sind, sagt nur deshalb etwas aus, da dies auf die Umformung ‚beide sitzen' wohl nicht zutrifft.

ßen abduktiven Experimentieren mit den Parametern des Darstellungssystems zu kreativen, neuen Schlussfolgerungen kommen kann (oder in eine Sackgasse). Von der epistemologischen Frage der Logik jedes – insbesondere des sprachlichen – Schlussfolgerns (für das das *diagram proper* hier gewissermaßen nur als Modell fungiert) gilt es wegzukommen, um nun präzise Überlegungen am *diagram proper* anzustellen.

4.3.2. Das Abduktive des Diagramms

Der Kunsthistoriker Bogen bringt „das Diagrammatische" von Bildern auf eine Formel, die zu Wirths *economy of research* zurückführt. Die diagrammatische Dimension eines Artefakts besteht demzufolge in den Transformationsmöglichkeiten, welche zwar nicht explizit gefordert, aber auch nicht frei wählbar sind (vgl. Bogen 2005b: 76). Damit eröffnet ein Diagramm einen Experimentalraum, in dem spielerisch Versuchsanordnungen durchlaufen werden können, die im Rahmen des Möglichkeits-Horizonts der Transformationsregeln vorgesehen sind. Das lässt sich bereits gattungsgeschichtlich untersuchen. Gormans' maßgebliche historische Studie der Diagramm-Entwicklung, von mittelalterlichen Kosmologie-Darstellungen zu neuzeitlichen Funktionsdiagrammen, zieht die Demarkationslinie vom Bildlich-Repräsentativen zum Diagrammatisch-Präsentativem anhand einer Linie, die zunächst überraschend scheint: Die „memorativen Diagramme synoptischer Bauart" (Gormans: 67), welche umfassende Weltbilder und kosmologische Zusammenhänge des christlichen Mittelalters anschaulich machten, ordnet er jenem älteren Typ (dem Bildlichen) zu. Das, obgleich sie explizit keine Dinge der Wahrnehmung präsentieren, sondern die Beziehung von Vorstellungen untereinander – Gott zu Welt, Elemente zu Körpersäften, Planeten zu Weltwundern, usw. Nicht nur in referentieller Hinsicht – Relationen zwischen Begriffen zu veranschaulichen – scheint es sich um diagrammatische Darstellungen zu handeln, auch durch den Bestand des verwendeten Zeichenrepertoires spricht einiges für diese Einteilung: Die memorativen Kosmologiebilder bestanden zumeist aus geometrischen Figuren, die mit elementaren Konstanten in Verbindung gebracht wurden: „Geometrische Elementarformen, wie beispielsweise Kreis,

Quadrat und Rechteck, spielten dabei eine große Rolle" (ebd.: 71). Diese idealen Figuren, die eher dem Reich platonischer Ideen statt der phänomenalen Welt angehören, sind sicherlich nicht der sinnlichen Beobachtung zuzuschlagen. Auch mit Goodmans Vokabular ließe sich eine weit geringere Dichte und Fülle veranschlagen, als sie Bildern (*images*) gewöhnlich entspricht. Warum Gormans sie dennoch eher auf Seiten des Bildes verrechnet, beleuchtet einen wichtigen Aspekt, der die verschiedenen *Verwendungsweisen* der Illustrationen betrifft. Leonardo Da Vincis Funktionsdiagramme, die um 1500 etabliert werden, folgen für Gormans im Kontrast einer grundsätzlich anderen Logik. Sie illustrieren die Wirkungsmechanismen mechanischer oder optischer Phänomene. Sowohl im Bestand des verwendeten Zeichenrepertoirs (Linien, Kreise, Figuren: die syntaktische Seite des Schemas), als auch vom ontologischen Status der epistemischen Dinge her betrachtet (sowohl das mittelalterliche Weltbild als auch neuzeitliche Prinzipien der Mechanik gehören nicht dem Bereich des Perzeptiven an), scheint dies den Kosmologiebildern zu entsprechen. Der entscheidende Unterschied[170] besteht jedoch für Gormans in der intendierten Verwendungsweise der Illustrationen: Leonardos Bilder sind nicht zur Memorierung bereits bestehenden Wissens, sondern zur Transformation und Generierung von (neuen) Wissens-Zusammenhängen angefertigt. Schon bei seiner Zeichnung eines Wasserstrudels, das die Strömungslinien der Zuflüsse veranschaulicht, ist dies prototypisch angelegt:

> Weit entfernt, von der Beobachtung auszugehen, fragte sich Leonardo, welche Variablen er bei einem bestimmten Phänomen unterscheiden könne und welche Kombinationen und Permutationen sozusagen a priori möglich seien (ebd.: 57).

Während eine der früheren Illustrationen (etwa der Weltordnung) für Gormans nur textsubstitutionalen Charakter hatte, da sie nur der Memorierung von bestehendem Zusammenhängen diente, macht das Funktionsdiagramm

[170] Es muss betont werden, dass die Abfolge beider Darstellungsarten keinesfalls sukzessive oder gar teleologisch verlief. Memorative Diagramme synoptischer Bauart existierten parallel zu Funktionsdiagrammen bis ins 17. Jahrhundert hinein (vgl. Gormans: 67).

virtuelle Experimentalräume auf, die stets hypothetisch bleiben.[171] Methodisch betrachtet ist es aufschlussreich festzuhalten, was hier als zentrale Eigenschaft des *diagram proper* markiert wird, die für ein verändertes Wissenschafts- und Methodenbild steht: Räume zu öffnen, „in der die Dominanz der Vorstellung gegenüber der Beobachtung unmittelbar greifbar wird" (Gormans: 61). Anders gesagt: Das Diagramm beginnt dort, wo experimentiert werden kann, über die Grenzen der (einen) sichtbaren Anordnung hinaus. Obgleich nicht aus kunstgeschichtlicher sondern philosophischer Perspektive getroffen, könnte Wilharns Konklusion dem gleichen Text entspringen: „Diagrammatische Darstellungen ermuntern die Phantasie, Darstellungsmodelle nicht nur zu vergegenwärtigen, sondern auch zu überprüfen und zu erproben" (Wilharn: 151). Diese Möglichkeit ist zwar in jedem Darstellungssystem prinzipiell gegeben. Seine besondere Beziehung von Darstellungsweise zu Transformationsmöglichkeiten bevorzugt das *diagram proper* dennoch in pragmatischer Hinsicht (wie im 4.2 gezeigt).

4.3.3. Schlussfolgerungen: Pragmatik

Deduktive Transformationen innerhalb der diagrammatischen Darstellung können nun – durchaus wörtlich – als Experiment verstanden werden. Hoffmann formuliert es so, dass ein Problem, um überhaupt formulierbar zu werden, überhaupt einmal irgendeiner Darstellung bedarf (vgl. Hoffmann: 129). Daraufhin kann innerhalb der Anordnung ‚herumgespielt' werden: Größen lassen sich austauschen, neu einführen, verschieben.

> Das Darstellen selbst hat große Ähnlichkeit mit Experiment und Hypothese. Zug um Zug wird am Modell gebaut, Elemente werden erfunden, revidiert, erneut eingesetzt, zum Bild zusammengefügt. Das Resultat ist provisorisch, ein vorübergehend zusammengestelltes Sortiment von Anweisungen, womit man arbeiten kann (Wilharn: 151).

Als solches umfasst das Diagramm, wie es hier verstanden wird, nicht nur die aktual anwesende Konfiguration von Zeichenbeständen. Aus dem bereits ex-

[171] Zweifellos ist diese statische Text- und (klassische) Bildeinteilung nicht im Sinne von Bogen, der auch an mittelalterlichen Kirchenfenster gerade diesen transformatorischen Möglichkeitsraum hervorhebt (vgl. 2005b: 76 ff.).

plizierten Zusammenhang, dass ein Diagramm erst im Wissen um Verwendungsregeln und -einschränkungen etabliert wird (und nicht unabhängig davon vorgefunden werden kann), ergeben sich zwei praktische Folgerungen: Einerseits umfasst das Verstehen eines Diagramms notwendig auch seinen eigenen Konstruktionsprozess.

> Die Situation, in der das Diagramm produziert wird, dauert also in der Situation, in der es rezipiert wird, bis zu einem gewissen Grad fort oder wird zumindest mental rekonstruiert: Ein Diagramm hat man erst richtig verstanden, wenn man es auch selbst konstruieren kann (Bogen 2005a: 164).

Zum anderen aber, und das ist entscheidender, schließt es Modifikationsmöglichkeiten mit ein, die über die aktuale Konfiguration hinausgehen und das Potentielle berühren. Für Bauer und Ernst bilden diese ‚Denkräume' den spezifischen Untersuchungsgegenstand einer kultur- und medienwissenschaftlichen Diagrammatik. Die anwesende Konfiguration von Zusammenhängen, wie sie ein *diagram proper* präsentiert, fungiert nur als *layout* (vgl. 70ff.), als Ausbreitung eines Relations-Gefüges – das selbstverständlich auch anders gedacht werden könnte. Vor dieser Grundkonfiguration sind Transformationen möglich, die bereits im Operationsraum des Diagramms angelegt waren: Sie lassen sich deduktiv ermitteln, da die (operative) Ikonizität der Anordnung einen virtuellen Experimentalraum garantiert, dem stets ein Mehr entnommen werden kann. Bauer und Ernst bezeichnen diesen Raum, den das Diagramm (in weit verstandener Definition) umspannt, als *display*, als ‚Raum zum Durchspielen', in dessen Potentialität sich das Diagramm erst realisiert.[172] „The layout of relations and proportions allows not only representing a structure, but also altering the structure and getting further insights" (Bauer: 125). Der Rezipient des Diagramms wird damit zum Ko-Autor:

---

172 Bauer/Ernst entwerfen eigentlich eine begriffliche Trias, die neben *Layout* und *Display* zuallererst ein *Design* umspannt. Damit ist eine grundlegende Konzipierung von Zusammenhängen gemeint, noch bevor diese ihre materielle Fixierung im *Layout* findet: „Jedes Zeichen (sign) oder Zeichengefüge entwirft (design) Korrespondenzverhältnisse dergestalt, dass sich ihre Auslegung an der Struktur dieser Verhältnisse (layout) orientieren kann" (ebd.: 70). Da jedes *Design* aber nur durch ein Layout thematisiert werden kann, ist es ihm nur aus logischer Perspektive vorgängig.

> Er versucht die relevante Formen vom materiellen Kontinuum abzuheben, signifikante Relationen festzuhalten und kontingente fallenzulassen – ein mitunter gewagter Schritt, der den Charakter einer offenen Hypothesenbildung annimmt (Bogen 2005a: 167).

Die ‚komische Inkongruenz' löst diese Hypothesenbildung gleich doppelt aus: Nicht nur, dass – um ein *diagram proper* überhaupt durchdringen zu können – spekulative Transformationsräume des Diagrammatischen geöffnet werden müssen. Der Interpret muss, um die ‚Dummheit' eines *inaptums* ausgleichen zu können, dieses auch korrigierend nachvollziehen und somit dem Diagramm ein weiteres *display* aus Relationen hinzufügen, die auch anders gedacht werden könnten – oder sogar sollten. Das Passende vor dem Unpassendem, das Effiziente vor dem Ineffizienten, das ‚Kluge' vor dem ‚Dummen': Die Differenzsetzung, die ein Interpret im Verstehen des Humors vollzieht, ist jeweils anhand der spezifischen Medialität der Darstellungsform zu suchen.

Im abschließenden Kapitel der Arbeit soll dies anhand der bislang verwendeten Beispiele nachgezeichnet werden, wobei besonders das Zusammenspiel zwischen komischer Inkongruenz und diagrammatischem Schlussfolgern noch einmal an *XKCD* herausgearbeitet werden wird.

5. Konklusionen: Das witzige Diagramm als Grenzphänomen des Verstehens

Diagramme formulieren Thesen über mögliche Zusammenhänge. Zur Anschauung gebracht wird nicht lediglich eine Vermutung über bestimmte Gegenstände. Stattdessen ist im Diagramm immer bereits *eine Regel* über denkbare und transformierbare Zusammenhänge enthalten. Folgt man Peirce, der alles Denken als zeichenhaft vermittelt versteht, so besteht unsere Gedankenwelt lediglich aus Relationen, die in einer fortwährenden Semiose aufeinander bezogen sind (vgl. Pape 2004: 69 ff). Weder kann dem hier nachgegangen werden, noch ist ein wohlwollendes Urteil hierzu notwendig, um doch dem zuzustimmen: dass gedankliche Assoziationen auf Relationen beruhen, auf vielleicht gänzlich vagen Eindrücken, dass ‚zwei Dinge etwas miteinander zu tun haben'. Dieses, als Auslöser für alle Formen von Forschung, Humor und auch der Alltagspragmatik verstandene Moment der Verähnlichung schreibt Kant dem *ingenium*, dem Witz zu; liegen die Gegenstände weit auseinander, so ist die gemeinsame Konfrontation zunächst überraschend. Als solche zwingt sie (durch ein Hereinbrechen in Gewohnheiten und Erwartungen) Mutmaßungen darüber anzustellen, warum jene Episteme hier gemeinsam betrachtet werden, worin ihre Beziehung genau bestehen mag – sowohl denjenigen, der von der plötzlichen Assoziation betroffen ist, als auch den späteren Interpreten einer Formulierung. Diese Mutmaßungen über Zusammenhänge sind auch eine Suche nach geeigneten Darstellungsformen. Oft führt dies in Sackgassen, in die ernüchterte Feststellung einer grundlegenden Differenz, die durch keine ‚Ähnlichkeit' überbrückbar scheint. In dieser Differenz ist allerdings bereits ein Relations-Verhältnis definiert, das Peirce schon als ikonisch versteht, insofern es eine schlüssige Regel über ein bestimmtes, nicht-arbiträres Verhältnis ausdrückt; auf diesem lassen sich weitere Schlussfolgerungen aufbauen, die daraus hervorgehen. Der medienwissenschaftlich entscheidende Moment besteht nun darin, dass jede ‚Ähnlichkeits-Suggestion' einer Darstellung bedarf, um zugänglich gemacht zu werden. Diese aber gründet sich auf Zeichen-Praxen und Mediensystemen, die zu ihrer Formulierung herangezogen werden.

Hier genau sieht Wirth die Rolle der Abduktion, die aus dem potentiell unlimitierten Möglichkeitsspektrum von assoziativen Zusammenhängen Hypothesen formuliert, die in bestimmten – nun nicht mehr privaten – Relationen bestehen. Die Form dieser Darstellung bedient sich dem kulturell vermittelten und intersubjektiv zugänglichen Zeichen- und Medien-Bestand, unterwirft sich damit aber auch den Möglichkeiten und Einschränkungen des jeweiligen Darstellungssystems. Die Unterscheidungen, die dieses zu treffen ermöglicht, verlaufen entlang gänzlich unterschiedlicher ontologischer, funktionaler oder diskursiver Linien: Die Dinge, die in der Sprache differenziert werden, sind anderer Natur als im Bild; auch die gebildeten Relationen erfüllen gänzlich andere Funktionen. Zumeist betrifft dies eine Spannung zwischen den Bestandteilen, die sich als konstitutive und sinnfällige Formen identifizieren lassen, und jenen, die als kontigenter Horizont ausgeblendet bleiben kann. Was in dieser Untersuchung als ‚Diagramm' – und auch was als *diagram proper* – bezeichnet wurde, ist kein homogener Gegenstand, sondern ein weites Feld aus verschiedenen Zeichensystemen, ineinander geschachtelten ‚medialen Substraten', die allesamt als eigene Schlussfolgerungsmedien fungieren können, um Assoziationen in Hypothesen zu überführen. Wie Ruchatz betont, werden Medien erst im Vergleich bestimmbar, in den Differenzen zueinander, aus denen sie zuallererst hervorgehen (Ruchatz: 114f.). Das wird am Phänomen diagrammatischer Darstellungen deutlich, dessen Möglichkeiten, Unterscheidungen zu treffen, sich erst in Gegenüberstellung verschiedener Typen offenbaren. Als Spezifikum aller Gattungen des *diagram proper* wurde hierin das weite Spektrum von syntaktischer Analogizität zu Digitalität verschieden voller Darstellungsschemata gesehen, aus denen sich verschiedene intrinsische Relationen ableiten lassen (anstatt nur extrinsisch definiert zu werden). In Verbindung mit den operationalen Einschränkungen graphischer Darstellungsmittel kann ein *diagram proper* eine hohe Anwendungs-Effizienz erzeugen. Die Einschränkungen bestehen darin, die in ihnen verhandelten Episteme durch einmal getroffene Übereinkünfte unter Limitationen physikalischer, topographischer und geometrischer Natur zu stellen. Für einen Nutzer, der mit der Darstellungsart vertraut ist, ergibt sich der Eindruck von *free rides*, von zahlreichen, auf einmal erfassbaren Implikationen und Ableitungen, die in anderen Medien anhand jeweils einzelner Überlegungen aufwändig abgeleitet werden müssten. Emphatisch formuliert könnte man sagen, dass das Diagramm diese deduktiven Schritte der Natur anvertraut und sie sie ‚für uns erledigen lässt' (vgl. Wöpking: 50).

Dabei übersieht man jedoch die Medialität des *diagram proper*, welche im Falle des reibungslosen Funktionierens freilich genau diese Aufgabe erfüllt: sich selbst operational unsichtbar zu machen und hinter die (durch sie hervorgebrachten) Gegenstände zurück zu treten. Im Falle der diagrammatischen Darstellung geht dies soweit, dass die hohe Komputabilität und Anwendbarkeit des Diagramms – die Möglichkeit, *free rides* zu generieren – in einer unmittelbaren (und unvermittelten) ‚Evidenz' des durch sie Dargestellten gesucht und (scheinbar) gefunden wird – anstatt in der speziellen Medialität der Darstellung. Nichts desto weniger beruht die Hypothese, die im *diagram proper* ihre Artikulation findet, auf zahlreichen Präsuppositionen, die teils in historisch-diskursiver Weise aus der Verwendungspraxis des Darstellungstyps hervorgingen, teils den speziellen Vereinbarungen darüber entsprangen, wie hier durch ein Schema epistemische Dinge in Bezug zu Anderen gesetzt werden. Bleibt diese Rhetorik der diagrammatischen Darstellung zwar intakt, solange die Medialität unthematisiert im Hintergrund steht, so gibt es doch auch Ausfälle des transparenten Funktionierens. Eine solche Störung ist das Phänomen des Humors, das daher nicht nur eine besonderen Beziehung zur Pragmatik diagrammatischen Schlussfolgerns unterhält, sondern auch zu dessen Wahrnehmbarkeit als Medium.

Aus Wirths aufwandsökonomischer Lesung des Humors geht hervor, dass ein Witz (im landläufig verstandenen Sinne) aus zwei Momenten besteht: Zunächst dem ‚unerwarteten Phänomen', das in einer komischen Inkongruenz besteht, die eine Durchkreuzung unserer Erwartungshaltung nach sich zieht: Irgendetwas macht im Rahmen unserer *habits*, unserer Erwartungen, keinen

Sinn. Dies löst einen Abduktionsprozess aus, der den zu erklärenden Umstand einzuholen versucht, Möglichkeiten durchspielt, Hypothesen aufstellt. Im ‚Erfassen' des Witzes stellt sich der *thought at rest* wieder ein, eine vorläufige Interpretation ist erreicht, unter der etwas (in gewisser Weise) verstanden oder zumindest erklärt worden ist. Das Diagramm ist ein kaum beachteter Gegenstand des Komischen, anhand dessen diese Prozesse bislang wenig untersucht wurden. In diesem letzten Kapitel werden sie anhand des bislang erarbeiteten Vokabular und Beispiel-Materials herausgearbeitet werden. Ein Ausblick wird den Blick kontrastierend auf Henschels Sammlung der *wirrsten Grafiken der Welt* zurück richten, freilich nicht um dieser gerecht zu werden: zu heterogen sind die Artefakte, zu groß die Bandbreite der Fundstücke; eine allgemeine Theorie des Diagramms kann nicht angestrebt werden. Allerdings wird sich gerade im Kontrast zu *XKCD* präzisieren lassen, worauf die Prinzipien des komischen Schlussfolgerns hier fußen – und wo die Schwelle vom gescheiterten Diagramm zum Komischen zu suchen wäre.

5.1. *XKCD* und diagrammatisches Schlussfolgern

Die komische Inkongruenz, die eine diagrammatische Darstellung überhaupt zum Gegenstand rekonstruktiver Auslotungen macht, wurde nun schon verschiedentlich als Bruch mit medialen Verwendungskonventionen beschrieben (vgl. 1.2). Die Diagramme, auf die ein Rezipient im Korpus von *XKCD* stößt, konfligieren mit unserem Vorwissen um den üblichen Gebrauch wissenschaftlicher Darstellungen: auf intratextueller Ebene (einordnende oder begleitende Text-Kommentare), in Bezug auf die verhandelten Gegenstände (Phänomene der Internet-Kultur oder des Alltags), sowie in Hinsicht der medialen Ausarbeitung (krakelige Tusche-Linien anstatt präziser Konturierung). Diese Signale würden wohl bereits genügen, als ‚komische Inkongruenz' ein genaueres Hinsehen auszulösen, würden wir den *XKCD*-Darstellungen an unerwarteter Stelle, etwa in einer Fachzeitschrift, begegnen. Die kontextuelle Platzierung im Rahmen einer Comic-Stripserie arbeitet dem insofern zu, als der Interpret bereits im Vorhinein erwarten kann, ‚auf etwas zu stoßen', wenn er sich auf Hypothesenbildungen einlässt. Ein Abduktionsprozess wird angestellt, der im schlussendlichen Verstehen des Diagramms zugleich auch dessen Entstehungsbedingungen und die zugrunde liegende Konstruktions-*Regel* umspannt. Die philosophische Relevanz des Humors liegt in der Wechselwirkung zwischen dem Verstehen komischer Phänomene und dem Komischwerden des Verstehensprozesses selbst. Dazwischen liegt das Komische als Prozess, in dem die unsichtbare Normierung des Denkens sichtbar wird (vgl. Wirth 1999: 6).

Im Falle der meisten *XKCD*-Diagramme (nicht unbedingt jedoch bei *America*, worauf gleich noch einzugehen ist) besteht die grundlegende Hypothese der Darstellung in Behauptungen über mögliche Zusammenhänge disparater Größen des Alltags. Die Gegenstände entstammen täglichen Erfahrungen; die ‚ikonische Suggestion', dass diese ‚etwas miteinander zu tun haben', ist durchaus gewitzt, insofern sie jeder intuitiv nachvollziehen kann, obgleich sie eigentlich ‚weit voneinander entfernt liegen'. In den gewählten Beispielen *Pandora* (4.1.2) und *Mu* (4.1.3) wird einmal ein Zusammenhang zwischen Musik-Qualität eines Internet-Radiosenders zur Anwesenheit von Zuhörern im Zimmer formuliert, der etwa einer ironischen Feststellung entspricht: ‚Immer dann, wenn andere es mitbekommen, verrät Pandora etwas über die Musik, die mir peinlich ist'. Im anderen Fall, *Mu*, besteht die ‚Beobachtung' darin, dass die Arbeits-Effizienz bei Büro-Tätigkeiten davon beeinflusst wird, wie drehbar der Bürostuhl gelagert ist und Potential zur Ablenkung bietet.[173] Dem Trivialitätsargument gemäß besteht zwischen diesen Gegenständen, wie zwischen allen anderen auch, eine gewisse ‚Ähnlichkeit', die bei sorgsamer Hypo-

[173] Andere Diagramme entdecken ein Verhältnis des Bekanntheitsgrades der Namen *Leonardo, Donatello, Michelangelo* und *Raphael* zwischen Rennaissance-Künstlern und *Ninja Turtles* (<http://xkcd.com/197>), ein Zusammenhang zwischen Programmier-Fähigkeiten und Blutalkohol-Konzentration (<http://xkcd.com/323>), der Qualität eines Romans zur Zahl der frei erfundenen Begriffe, die der Autor einführt (<http://xkcd.com/483>), zwischen Hausaufgaben und Computer-Beschäftigung in der 11. Klasse in Sachen Nützlichkeit zur späteren Berufswahl (<http://xkcd.com/519>), zwischen verschiedenen Kommunikationsmöglichkeiten beim Telefonieren mit *Support Hotlines* (<http://xkcd.com/672>), zwischen Google-Suchergebnissen und bestimmten idiomatischen Ausdrücken (<http://xkcd.com/715>), zwischen brauchbaren und sinnlosen Informationen auf einer Uni-Homepage (<http://xkcd.com/773>), oder zwischen Qualität und Unterhaltungswert von Filmen (<http://xkcd.com/653>). Letzte Zugriffe jeweils: 08.08.2012.

thesenbildung nach pragmatischen Standards, wie sie eine *economy of research* nahe legt, zu interessanten Einsichten führen könnten (im Falle von *Pandora* ließe sich etwa eine Übergangshypothese zum Thema ‚selektive Wahrnehmung' anschließen). Insofern handelt es sich bei den initialen ‚Ähnlichkeits-Empfindungen' um geistreiche Assoziationen, da man möglicherweise viel damit anstellen könnte, obgleich sie weit hergeholt sind.

Die mediale Formulierung, derer sich Munroe allerdings bedient, geht einen anderen Weg, der in die Komik führt: Die Wahl verschiedener Diagramm-Typen unterwirft die assoziative ‚Ähnlichkeit' zweierlei Bedingungen: Einmal induziert jeder Medien- und Gattungs-Typ[174] die ihnen eigenen rhetorischen Effekte ihrer *üblichen* Verwendungsweise, es entsteht ein konnotativer Überschuss an Zuschreibungen, der etwa auf ‚unmittelbare Schlüssigkeit' oder ‚empirische Überprüfbarkeit' hinweist. Zum anderen aber überträgt das *diagram proper* die ihm eigenen Fähigkeiten zur intrinsischen und analogen Relationsbildung sowie zur Generierung von ‚automatischen' Deduktionen der *free rides*, auf die verhandelten Größen. Damit wird die ‚vage Assoziation', die als solche noch plausibel war, überdeterminiert, auch in pragmatischer Hinsicht: In der gewählten Form des Diagrammtyps wird eine präzise Regel des Zusammenhangs definiert, die über die aktual präsentierte Konfiguration hinausreicht. Das *layout*, die Ausbreitung der Zusammenhänge, öffnet sich in Richtung eines *displays*, einem Durchspielen-Könnens, das unmittelbar anschließende Konfigurationen nahe legt. Im Falle von *Pandora* ließe sich fragen, welche Songs genau im Schnittbereich der Euler-Kreise liegen, warum gar kein ‚music you don't like'-Kreis enthalten ist (und in welchem Schnittbereich dieser läge), sowie, wie das Diagramm für andere Radio-Sender (etwa *last.fm* oder *Grooveshark*)[175] aussähe. Im Falle von *Mu* ist es bezeichnend, dass in einem Internet-Forum *tatsächlich* längere Debatten um die (nach dem Höchstwert wieder) abfallende Kurve geführt wurden, die exemplarisch als abduktive Hypo-

---

174 Zum Verhältnis beider Begriffe: 4.1.1.

175 Ähnliche Internet-Radiosender, vgl. <http://www.lastfm.de> und <http://grooveshark.com> Letzter Zugriff: 08.08.2012.

thesenbildungsprozesse (‚wenn es wahr wäre, dass…') anmuten.[176] Das Komische dieser Darstellungen erschließt sich erst, wenn man damit experimentiert und operiert, die medialen Möglichkeiten auslotet, die hier bereits in der Formulierung des Zusammenhangs beigestellt werden. Dadurch erschließen sich die Standards, die verletzt werden, welche allesamt die Pragmatik des Mediums betreffen: Überprüfbarkeitsmöglichkeiten und Fallibilitäten werden von vorneherein ausgeschlossen, da der (nötige) sprachliche Kontext ausgespart bleibt; Munroe macht es sich damit, seinem Gegenstand betreffend, *gleichzeitig* viel zu einfach und viel zu schwierig: Die ‚ikonischen Zusammenhänge', die hier aufgegriffen werden, sind – wären sie ernsthaft zu behandeln – fraglos viel komplexer, müssten viel mehr mit einbeziehen. Stattdessen kürzt das Diagramm all das ab und formuliert kategorisch eine generalisierende Entsprechung, die keine Fragen offen lässt. Das ‚Schlussfolgern', das hier simuliert wird, ist unterkomplex und überlistet sich selbst, da es, statt zum Verständnis, zur ‚Verdummung' im Wirth'schen Sinne beiträgt. Gleichzeitig aber betreibt Munroe einen hohen Mehraufwand darin, eine im Grunde völlig nichtige These (‚der Stuhl hat etwas mit meinem Arbeitseifer zu tun') in eine komplexe mediale Form zu überführen, die jedem verwendeten Element eine analoge und intrinsisch vermittelte Bedeutung im Darstellungsschema zuspricht. Der hohe komische Effekt, der den Erfolg von *XKCD* erklären mag, scheint mir in dieser Verquickung *aller* – eigentlich gegenläufigen – Abduktions-Subversionen zu sein, welche *alle* komischen Effekte einer Verletzung der Aufwandsökonomie in sich vereinen.

Etwas anders liegt der Fall bei *America*, wo zunächst von keiner ‚geistreichen Assoziation' gesprochen werden kann, welche einer diagrammatischen Bear-

[176] „I can relate strongly to the left half of the graph, but in my experience, the tapering off on the right is nonexistent" (LucasBrown). „Try sword fighting on top of chairs after spinning around on the chair for a bit!" (glasnt) „I feel like the right side should drop a lot faster..." (ARandomDude). <http://forums.xkcd.com/viewtopic.php?f=7&t=65758> Letzter Zugriff: 08.08.2012. Der Kommentar mit dem ‚Sword Fighting' bezieht sich auf einen anderen *XKCD*-Strip einige Zeit zuvor, in dem die Protagonisten auf Büro-Stühlen Piraten-Duelle simulieren – was nur möglich ist, wenn die Stühle wiederum *stabiler* gelagert sind (vgl. <http://xkcd.com/303> Letzter Zugriff: 08.08.2012). Diese Vermutung sucht eine Erklärung somit in einem (hypothetischen) Durchspielen von intratextuellen Referenzen.

beitung zu Grunde liegt. Zwischen den in der Darstellung verzeichneten Größen (dem Angriff eines schwimmenden Hasen auf Präsident Carter im Jahre 1979 sowie den Referenzwerten Gegenwart und Unabhängigkeitserklärung) scheint keinerlei ‚ikonische Suggestion' zu wirken. Eine Hypothese, die durch die Erklärungsnot angeregt wird, stößt also geradewegs auf die *Ungleichheit.* Glaubt man einigen Google-Treffern, sowie dem erwähnten Artikel der *Washington Post*, so wurde das ‚Hasen-Ereignis' trotz seiner eigentlichen Nichtigkeit weithin kolportiert und von der Presse gar als politische Metapher, als „symbolic preamble" zum Wahlniedergang des Präsidenten 1980 hochstilisiert.[177] Die Relation, die Munroe in seiner Darstellung generiert, ließe sich – in freier Hypothesenbildung ohne Begründungspflicht – als Kommentar darauf lesen, dass der ‚Wasserhase' hier behandelt wird *als ob* es sich um eine Ereignis von weltpolitischem Ausmaß handele – vergleichbar mit der Unabhängigkeitserklärung. Die Darstellung zeigt die Ungleichheit der inkongruenten Größen, gerade *indem* sie vor einem gemeinsamen Maßstab relationiert werden. Die Pointe der Darstellung beruht somit eher darauf, die Analogizität der intrinsischen Relation der Formulierung (die Anschaulichkeit der Zeitabstände untereinander) gegen ihre eigentlichen Möglichkeiten auszuspielen, indem die Darstellung stark unterdefiniert bleibt. Anders als bei den klar konventionalisierten Diagramm-Typen in Euler- oder Achsen-Form geht hier nicht wirklich hervor, was man damit tun könnte, welchen Zwecken es dienen soll. Der textliche Hinweis auf eine patriotische Gedenkrede fügt dem nur eine weitere Inkongruenz bei. Entscheidend ist aber, dass die Implausibilität der Gegenüberstellung erst durch die medialen Möglichkeiten – und ihren Missbrauch – ‚komisch' werden: Der ‚Evidenz-Effekt', die hohe Macht der Anschaulichkeit, läuft gewissermaßen ins Leere, da er auf keinen (operationalen) Mehrwert verweist. Dennoch wird diese Möglichkeit kontrafaktisch suggeriert, da jeder Bildpunkt oder Pixel (jeder Marke) des Zeitstrahls syntaktisch undifferenziert zum Bedeutungs-Schema gehört. Die Komik rührt daher aus einer medialen Unterbestimmung, die einer verschwenderischen Irrelevanz der angestellten

[177] <http://www.washingtonpost.com/wp-srv/politics/special/clinton/frenzy/carter2.htm> Letzter Zugriff: 08.08.2012.

Hypothese zuspielt. Da hier keinesfalls mehr von einer ‚Pointe' im einem gebräuchlichen Sinne gesprochen werden kann, ist es gerade die Ebene des medialen Möglichkeitshorizonts, vor der die inszenierte ‚Dummheit' des Gezeigten begreiflich wird. Damit ist ein Punkt angesprochen, der zu Henschels Sammlung der *wirrsten Grafiken der Welt* zurückführt, mit welcher diese Arbeit eröffnet wurde.

5.2. Ausblick: Die wirrsten Grafiken der Welt

Der entscheidendste Unterschied zwischen Munroes *XKCD*-Diagrammen und Henschels *taz*-Sammlung der eingeschickten Leserfunde besteht zunächst scheinbar in der Intention der jeweiligen Autoren: Während Munroe Humor zu erzeugen sucht, entsteht die Komik der Henschel-Abbildungen ungewollt, als nachvollziehende Resignation vor der ‚Dummheit' der gezeigten Info-Grafiken. Um dem jeweiligen Witz aus konstruktiver und rekonstruktiver Seite aber gerecht zu werden, ist eine andere Differenz zwischen beiden Gegenständen bedeutsamer: Henschels Grafik-Sammlung verweist stets auf gesellschaftliche Zusammenhänge, Diskurse und Theoreme, die bedenkenlos als *komplex* bezeichnet werden können. Sie entspringen Kontexten, die nicht nur als *relevant* erachtet werden (Ökologie, Philosophie, Politik, Geschichte), sondern auch in funktional ausdifferenzierten Disziplinen auf je eigene Experten, auf Literatursammlungen, auf Institutionen verweisen können. Im genauen Gegensatz zu Munroe, der eine offensichtlich irrelevante Assoziation in einem gewaltigen Mehraufwand bearbeitet, wären die meisten Grafiken bei Henschel als Versuch einer Komplexitäts*reduktion* zu bezeichnen. Zweifellos: Wenn hier gegen die Prinzipien ‚kluger' Relationsbildung bis zur Unkenntlichkeit vereinfacht und reduziert wird, so entbehrt dies nicht einer gewissen Komik, da sich die Grafiken nach allen Maßstäben ‚kluger' Hypothesenbildung der ‚dummen' Lächerlichkeit preisgeben. Interessanter scheint aber noch, wie hier mit der Medialität des Diagrammtischen verfahren wird. Aus den zahllosen Beispielen ließen sich viele Problemfälle aussondern, die einer je eigenen Bearbeitung bedürften. Dies kann hier nicht geleistet werden. Fälle, die sich mit Wirths *diskursiver Dummheit* alleine vortrefflich diskutieren ließen, sollen daher hinten angestellt werden. Dafür wird einem Beispiel Platz gemacht, dessen Verständnis den erarbeiteten Einsichten in die Medialität des *diagram proper* bedarf. Sowohl auf syntaktischer Ebene (wobei Goodmans Symboltheorie unentbehrlich sein wird) als auch in pragmatischer Hinsicht (mit Rückblick auf Bauer/Ernst und Hoffmann) ist es der grundlegend ‚dumme' Umgang mit dem Medium, der hier für den verstehenden Interpreten das Komische berührt.

Eine Grafik mit dem Titel *Komplexität der Adoptionsentscheidung* entstammt laut Verfasser dem Buch *Erfolg und Mißerfolg telematischer Innovationen.* Um das ovale Textfeld „Adoptionsentscheidung"[178] herum stehen zahllose zu berücksichtigende Faktoren in die Fläche eingeschrieben. Konnotativ reiht sich die Grafik damit in eine Tradition der Funktionsdiagramme ein, mit denen Leonardo Da Vinci zuerst die inneren Prinzipien von Strukturen isolieren und in ihren Grundrelationen anschaulich machen wollte. Dass auch ökonomischen Risiko-Entscheidungen gewisse Prinzipien und ‚epistemischen Dinge' zugrunde liegen, die in nicht-beliebigen Relationen zueinander stehen, ist keine sehr weit hergeholte ‚ikonische Assoziation'. Um diese intersubjektiv zugänglich zu machen, bedient sich der Autor der Kulturtechnik der Info-Grafik, mit den dadurch gebotenen Möglichkeiten zur ‚Vermessung': der Unterscheidung, Komposition und Dekomposition von Zusammenhängen.

[178] Gemeint ist wohl nicht ein Kinderwunsch, sondern wirtschaftliche Überlegungen zur Implementierung von Innovationen in bestehende Strukturen.

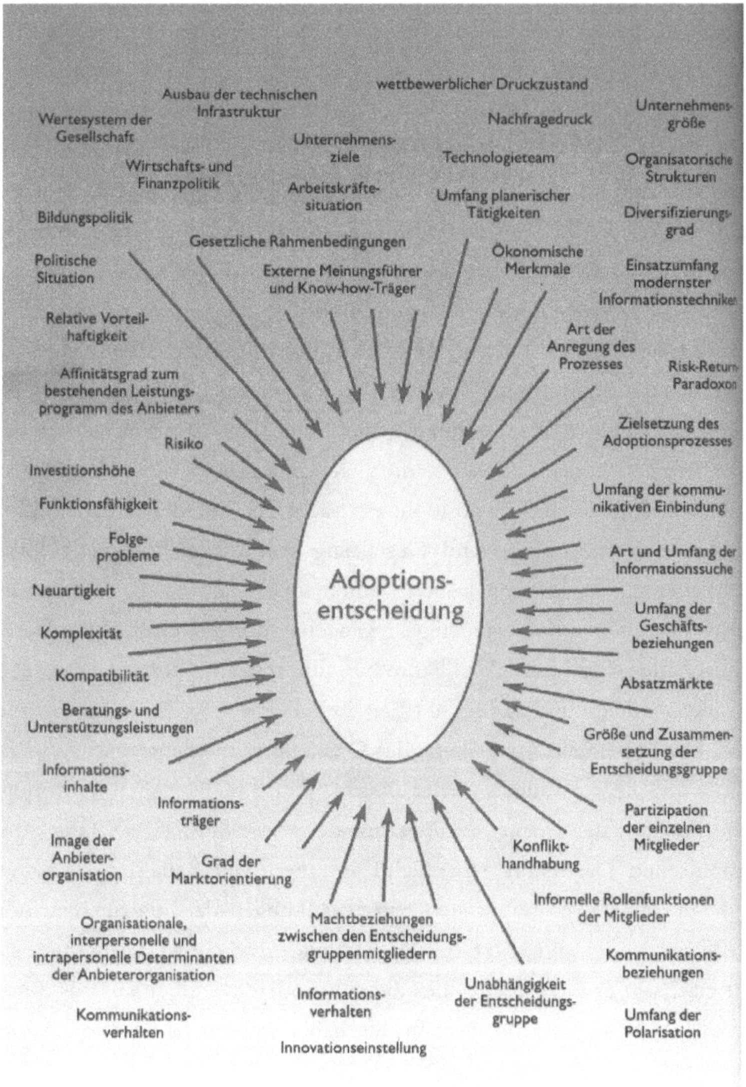

Abbildung 8: Komplexität der Adoptionsentscheidung.

Versucht man jedoch, die Zusammenhänge anhand der Darstellung nachzuvollziehen, so ist völlig unklar, worin die Beziehungen bestehen sollen. Dies lässt sich auf zwei Ebenen suchen, der syntaktischen Struktur der Marken und Charaktere einerseits, sowie der pragmatischen Dimension der Transformationsmöglichkeiten andererseits. Bei der Frage, wie genau es um die Syntaktik des Darstellungssystems bestellt ist, stößt man unmittelbar an interpretatorische Grenzen, die ein hohes Maß an abduktivem Spekulationsaufwand erfordern. Da keinerlei extrinsische Relationen (in Form von unabhängig gegebenen Verwendungsregeln, etwa einer Legende) definiert sind, scheinen die mannigfaltigen Skalierungen ideal für eine intrinsische Relationierung. Die Längen der einzelnen Pfeile könnten verschiedene, analog differenzierte ‚Entfernungen' ausdrücken; die topographische Position der einzelnen ‚Faktoren' untereinander ließen sich für eine nicht-lineare Differenzierung verwenden, um eine Kombinatorik der Begriffe untereinander zu ermöglichen. Nichts davon scheint jedoch, im Goodman'schen Sinne, einen Unterschied zu machen, i.e. motiviert (konstitutiv) zu sein. Nicht einmal korreliert jeder Pfeil mit einem distinkten Begriff, womit sie gar nicht als Teil des Schemas bestimmt werden können.[179] Farbe und Gestaltung von Pfeilen und Textblöcken ist wohl ebenfalls als kontingent zu erachten, zumindest gibt die Darstellung keinerlei Hinweise auf Gegenteiliges. Die eingeführten Größen und epistemischen Dinge sind somit als vollkommen differenzierte Werte zu verstehen, die in einer digitalen und disjunkten Relation alleine zum Zentrum hin orientiert sind. Die potentielle Analogizität des Darstellungsmediums wird somit in allen möglichen Anwendungen vernachlässigt. Wenn nicht einmal die topographische Position der Elemente untereinander konstitutiv ist, so kann von einer ‚graphischen' Darstellung eigentlich kaum mehr eine Rede sein, da bereits eine reguläre Tabelle die nomischen Einschränkungen der Spatialität in höherem Maße verwendet und nutzt. So unterdefiniert, wie dieses ‚Diagramm' sich damit gibt, sagt es nicht mehr über die verwendeten Größen aus, als dass *irgendeine Art von Zusammenhang* besteht: Sie haben (alle) *irgendetwas* mit Adoptionsentscheidungen zu tun.

Der ‚Evidenz-Effekt' sucht diese völlige Nichtigkeit rhetorisch auszugleichen, insofern die Anschaulichkeit zumindest suggeriert, über hohe Aussagekraft zu verfügen. Wenn diese in effizienten Diagrammen darin besteht, *free rides* an

179 Die Marken fungieren nicht als Inskiptionen, da sie keinen bedeutungstragenden Charakteren entsprechen.

Rückschlüssen zu generieren, so nur deswegen, da sie sinnvoll nomischen und (damit) operativen Einschränkungen unterworfen sind: was für jede Art von Deduktionsmöglichkeit gilt, ist auch eine *conditio sine qua non* der spezifisch diagrammatischen Anschaulichkeit.

Dieses Gefälle zwischen der konnotativen Behauptung des Mediums, die man seinem üblichen Gebrauch zu entnehmen glaubt, und seiner tatsächlichen Unfähigkeit, die Möglichkeiten der Spatialität zum (digitalen oder analogen) Ordnen und Differenzieren einzusetzen, ist zweifellos ‚dumm'. Die mangelnden Möglichkeiten zur Anwendbarkeit der Grafik betreffen jedoch auch Peirces pragmatische Maxime. Da es keinerlei Transformationsregeln zu geben scheint, gibt es auch nichts, was man mit der Darstellung *tun* könnte. Erst operationale Beschränkungen, die bestimmte – nicht aber alle – Veränderungen zulassen, ohne sie explizit zu fordern, machen das Ikonische eines Diagramms aus: Rückschlüsse auf mehr ziehen zu können, als was zur Konstruktion nötig war. Dies ist hier freilich ausgeschlossen. Weder ist der innere Aufbau rekonstruierbar, noch deutet das *layout* auf ein *display* hin, in dem man Variationsmöglichkeiten durchspielen und auf interessante Deduktionsmöglichkeiten stoßen könnte. Das Diagramm ist somit jeglicher Anwendung enthoben, mit Peirce im ganz wörtlichen Sinne *bedeutungslos*. Es entzieht sich selbst den Boden. Es darf daher nachdrücklich gefragt werden, ob hier überhaupt noch von ‚Diagrammatischem' die Rede sein kann. An dieser Stelle erhält eine sorgfältige begriffliche Differenzierung von einzelnen Diagramm-‚Gattungen/Typen' einerseits zu deren ‚Medialität' andererseits das volle Gewicht zurück, das in dieser Untersuchung zumeist ausgeklammert bleiben konnte. Was die Urheber der wirren Grafiken offensichtlich gerne ausblenden, ist die Zugehörigkeit einzelner, scheinbar ‚diagrammatischer' Zeichenbestände (wie Pfeil, Linie, Kreis) und Techniken (topographische Inskriptionen) zu speziellen, historisch und funktional erwachsenen Typen und Gattungen des *diagram proper*. Deren Heterogenität wird aber nicht bloß übersehen: Stattdessen scheinen die Urheber implizit von einer allgemeinen, homogenen Medialität des Diagramms (an sich) auszugehen, innerhalb derer alle Elemente, die einmal als ‚diagrammatisch' konnotiert sind, entsprechend frei miteinander kombinierbar sein sollten. Eine solche ‚allgemeine Medialität des Diagramms', die nach einigem Blättern in Henschels Band in einer willkürlichen Kombinatorik von Schlagworten einerseits und wilden geometrischen Formen andererseits vermutet werden könnte, existiert freilich nicht: Die *spezifischen* Medialitäten einzelner Diagramm-Typen sind nur Ergebnisse langer, teils historischer, teils logischer Ausdifferenzierungsprozesse, innerhalb derer das jeweils Kontingente vom Motivierten, das jeweilige mediale Substrat von der sinnfälligen Form unterschieden und spezifiziert wurde. Erst ganz am Ende dieses Prozesses steht ein funktionales syntaktisches Schema, das als *layout* zu einem *display* fungieren kann – als diagrammatisches Darstellungssytem. Die Betrachtung der Medialität hier, metaphorisch gesprochen, im Kopfstand anzustellen und aufgrund von *Ähnlichkeiten* unterschiedlicher Typen des *diagram proper* (z.B. der enthaltenen Pfeile) eine Identität der Medialität ‚des Diagramms an sich' anzunehmen (etwa: ‚graphische Darstellungen werden die Sache schon überschaubarer machen!'), exemplifiziert abschließend einmal mehr, wie ‚dummes' Schlussfolgern entlang rein assoziativer Verähnlichungen wirken kann: Die impliziten Annahmen hinter den *wirrsten Grafiken* führen die Kurzschlüsse kontext-resistenter Aufwandsersparnis und betriebsblinden Schlussfolgerns somit beinahe ironisch zu ihrem Ausgangspunkt (und sich selbst) zurück.

Den Effekt des Komischen, den die *Komplexität der Adoptionsentscheidung* so ausübt, hebt Henschel ebenfalls ironisch heraus: „Ach Gott, ach Gott, ach Gott, ach Gott, wer und was wirkt nicht alles auf das schlanke Ei der Adoptionsentscheidung ein!" (Henschel: 91). Damit bricht die Transparenz der Medialität endgültig zusammen: Im Verständnis der Irrelevanz des Gezeigten (sowie seiner aufwandsökonomischen Ineffizienz) liegt bereits ein Verständnis beider Seiten der medialen Praxis, der ‚dummen' wie der ‚klugen'. Der epistemische ‚Evidenz-Effekt' (vgl. 4.3.1) des Diagramms, der darauf beruht, die Verfahren seiner Erzeugung zu tilgen, offenbart sich als rhetorische Strategie, die hier ins schlichtweg Lächerliche kippt. Wie Rutschky im Nachwort kann man leicht zum Schluss kommen, dass es sich bei den Fähigkeiten des Diagramms, Wissen zu vermitteln, *generell* um faulen Zauber handele. Offenbart hat dies der Witz, verstanden als abduktives Korrektiv, welches das gebotene Phänomene vor dem Horizont kontextueller Verwendungspragmatiken auszuloten versteht. Die komische Inkongruenz, die als Auslöser der angestellten, ‚witzigen' Rekonstruktions-Prozesse dient, fungiert so (auch) als medienrhetorischer Exorzismus.

Dass hier allerdings von einer ‚Inkongruenz' zu sprechen ist, verdankt die Grafik nicht zuletzt Henschels Kommentaren sowie der Platzierung im Rahmen des Bandes. Wer hier Witz walten lässt und über die Pragmatik und Effizienz des Gezeigten nachsinnt, kann sicher sein, auf ‚witzigen Fund' zu stoßen. Wäre das gleiche ‚Diagramm' unmarkiert in einem Magazin zu finden, könnte man sich seiner störenden Irritationskraft kaum sicher sein. Erst der unerwartete Bruch mit unseren *Gewohnheiten*, der unseren *thought at rest* durchkreuzt, zwingt dazu, das Gebotene zu hinterfragen und hinter der medialen Transparenz Spekulationsprozesse anzustellen. Da ein geglückter Abduktionsaufwand, der das unerwartete Phänomen einmal *als komisch* erklären konnte, zu einem veränderten Bezugsrahmen an Erwartungen führt, schärft das komische Diagramm dauerhaft unser Verständnis der medialen Leistungsfähigkeit des Diagrammatischen.

Insofern darf Peirce zwar zugestimmt werden, wenn er resigniert bemerkt: „I have come to the conclusion that it is folly to attempt to set limits which human stupidity cannot overpass" (in Wirth 1999: 1). Andererseits bildet gerade der Witz eine Gegenkraft, die der ‚Dummheit' in gleichem Maße opponiert, in dem er sie parasitär überfällt. Giardinos Fehleinschätzung, ein Diagramm „can lie, but [...] it can never be a joke" (155), ist so glücklicherweise nicht zuzustimmen. Somit lässt sich gerade gegen Rutschkys Kommentar, der Anspruch auf Veranschaulichung scheine unversehens als Gegenzauber Verwirrung hervorzurufen (nach Henschel: 170), einwenden, dass die witzig exponierte Verwirrung ihrerseits unversehens als Gegenzauber das Verständnis erhöhen kann.

Abbildungsverzeichnis

Primärliteratur

Munroe, Randall. 2010: *xkcd: volume 0.* <http://www.breadpig.com>: Breadpig.

Sekundärliteratur

Almeida, Iván. 2002: „Borges and Peirce, on abduction and maps“ in Umiker-Sebeok, Jean (Hg.): *Semiotica. Journal of the International Association for Semiotic Studies. Volume 140 – 1/4.* Berlin/New York: Mouton de Gruyter, S. 13-32.

Allwein, Gerard (Hg.). 1996: *Logical Reasoning with Diagramms.* New York: Oxford Univ. Press.

Anderson, Michael (Hg.). 2001: *Diagrammatic Representation and Reasoning.* London: Springer.

Attardo, Salvatore. 1994: *Linguistic theories of humor.* Berlin/New York: Mouton de Gruyter.

Bachtin, Michail M. (1929) 1985: *Literatur und Karneval: Zur Romantheorie und Lachkultur.* Frankfurt a.M.: Ullstein.

Bachtin, Michail M. (1940) 1995: *Rabelais und seine Welt: Volkskultur als Gegenkultur.* Frankfurt a.M.: Suhrkamp.

Bateson, Gregory. 1985: *Ökologie des Geistes.* Frankfurt a.M.: Suhrkamp.

Bauer, Malcolm I und Johnson-Laird, Phil. 1993: „How Diagrams can improve Reasoning“ in Keil, Robert V. (Hg.): *Psychological Science 4/6.* New York: Sage, S. 327-378.

Bauer, Matthias und Ernst, Christoph. 2010: *Diagrammatik. Einführung in ein kultur- und medienwissenschaftliches Forschungsfeld.* Bielefeld: Transcript.

Bauer, Matthias. 2010: „Diagrammatology, Scenographic Media, and the Display Function of Art“ in Pombo, Olga (Hg.): *Studies in Diagrammatology and Diagram Praxis.* London: College Publ., S. 125-142.

Belting, Hans. 2004: *Bild und Kult. Eine Geschichte des Bildes vor dem Zeitalter der Kunst. 6. Aufl.* München: Beck.

Berger, Peter L. 1998: *Erlösendes Lachen: Das Komische in der menschlichen Erfahrung.* Berlin: Walter de Gruyter.

Bernhard, Peter. 2001: *Euler-Diagramme. Zur Morphologie einer Repräsentationsform in der Logik.* Paderborn: Mentis.

Bogen, Steffen. 2005a: „Schattenriss und Sonnenuhr: Überlegungen zu einer kunsthistorischen Diagrammatik" in Deutscher Kunstverlag (Hg.): *Zeitschrift für Kunstgeschichte, 68. Bd., H. 2.* München/Berlin: Deutscher Kunstverlag, S. 153-176.

Bogen, Steffen. 2005b: „Verbundene Materie, geordnete Bilder. Reflexionen von diagrammatischen Schaubildern in den Fenstern von Chartres" in Schneider, Birgit (Hg.): *Diagramme und bildtextile Ordnungen.* Berlin: Akademie, S. 72-84.

Bogen, Steffen und Thürlemann, Felix. 2003: „Jenseits der Opposition von Text und Bild. Überlegungen zur Theorie des Diagramms und des Diagrammatischen" in Patschovsky, Alexander (Hg.): *Die Bilderwelt der Diagramme Joachims von Fiore. Zur Medialität religiös-politischer Programme im Mittelalter.* Osterfilden: Thorbeke, S. 1-22.

Black, Max. (1954) 1996: „Die Metapher" in Haverkamp, Anselm (Hg.): *Theorie der Metapher. 2. Auflage.* Darmstadt: Wissenschaftliche Buchgesellschaft, S. 55-97.

Blanke, Börries. 2003: *Vom Bild zum Sinn. Das ikonische Zeichen zwischen Semiotik und analytischer Philosophie.* Wiesbaden: Deutscher Universitätsverlag.

Bonhoff, Ulrike Maria. 1993: *Das Diagramm. kunsthistorische Betrachtung über seine vielfältige Anwendung von der Antike bis zur Neuzeit.* Münster: Univ. Diss.

Bredekamp, Horst (Hg.). 2005. *Darwins Korallen. Die frühen Evolutionsdiagramme und die Tradition der Naturgeschichte.* Berlin: Wagenbach Verlag.

Bredekamp, Horst. 2008: *Das technische Bild. Kompendium zu einer Stilgeschichte wissenschaftlicher Bilder.* Berlin: Akademie-Verlag.

Chandrasekaran, Balakrishna. 1995: *Diagrammatic reasoning. cognitive and computational perspectives.* Menlo Park: AAAI Press.

Cuntz, Michael et al. 2006: „Die Listen der Evidenz. Einleitende Überlegungen" in: dies. (Hg.): *Die Listen der Evidenz.* Köln: DuMont, S. 9-36.

Diestel, Reinhard. 2010: *Graphentheorie. 4. Aufl.* Heidelberg: Springer.

Eco, Umberto. 1972: *Einführung in die Semiotik.* München: Wilhelm Fink.

Eco, Umberto. 1987a: *Semiotik. Entwurf einer Theorie der Zeichen.* München: Wilhelm Fink.

Eco, Umberto. 1987b: *Lector in Fabula. die Mitarbeit der Interpretation in erzählenden Texten.* München: Hanser.

Eco, Umberto. 2000: *Kant und das Schnabeltier. 2. Aufl.* München: Hanser.

Eisenmann, Peter. 1999: *Diagram Diaries.* London: Universe.

Engell, Lorenz und Vogl, Joseph. 2008: „Vorwort" in: Pias, Claus (Hg.): *Kursbuch Medienkultur. Die maßgeblichen Theorien von Brecht bis Baudrillard. 6. Auflage.* München: DVA, S. 8-12.

Ernst, Christoph. 2012: „Von der Schrift zum Bild – Postkonstruktivistische Motive in der Diskussion um Medialität" in Renn, Joachim (Hg.).: *Konstruktion und Geltung. Beiträge zu einer postkonstruktivistischen Sozial- und Medientheorie.* Wiesbaden: Springer VS.

Gazdar, Gerald. 1979: *Pragmatics. implicature, presupposition, and logical form.* New York: Academic Press.

Gehring, Petra et.al. (Hg.). 1992: *Diagrammatik und Philosophie.* Amsterdam/Atlanta: Ropodi.

Giardino, Valeria. 2010: „The World in Maps: Looking for Treasures, Neurons and Soldiers" in Pombo, Olga (Hg.): *Studies in Diagrammatology and Diagram Praxis.* London: College Publ., S. 145-166.

Goodman, Nelson. (1968) 1997: *Sprachen der Kunst.* Frankfurt a.M.: Suhrkamp.

Goodman, Nelson (1978) 1990: Weisen der Welterzeugung. Frankfurt a.M.: Suhrkamp.

Gormans, Andreas. 2000: „Imaginationen des Unischtbaren. Zur Gattungstheorie des wissenschaftlichen Diagramms" in Holländer, Hans (Hg.): *Erkenntnis, Erfindung, Konstruktion. Studien zur Bildgeschichte von Naturwissenschaften und Technik vom 16. bis zum 19. Jahrhundert.* Berlin: Mann, S. 51-72.

Groupe μ. 1989: „Das System der plastischen Form" in ÖGS (Hg.): *Semiotische Berichte 2/3.* Wien: ÖGS, S. 215-233.

Günzel, Stephan. 2009: „Bildlogik. Phänomenologische Differenzen visueller Medien" in Hessler, Martina und Mersch, Dieter. (Hg.): *Logik des Bildlichen. Zur Kritik der ikonischen Vernunft.* Bielefeld: Transcript, S. 123-138.

Gurr, Corin A. 1999: „Effective Diagrammatic Communication: Syntactic, Semantik and Pragmatik Issues" in Chang, Shi-Kuo (Hg.): *Journal of Visual Languages and Computing. 10.4.* Amsterdam: Academic Press, S. 87-122.

Halawa, Mark Ashraf. 2008: *Wie sind Bilder möglich? Argumente für eine semiotische Fundierung des Bildbegriffs.* Köln: Herbert von Halem.

Hessler, Martina und Mersch, Dieter. 2009: „Bildlogik oder Was heißt visuelles Denken?" in dies. (Hg.): *Logik des Bildlichen. Zur Kritik der ikonischen Vernunft.* Bielefeld: Transcript, S. 8-62.

Henschel, Gerhard. 2003: *Die wirrsten Grafiken der Welt.* Hamburg: Hoffmann und Campe.

Hoffmann, Michael H.G. 2005: *Erkenntnisentwicklung. Ein semiotisch-pragmatischer Ansatz.* Frankfurt a.M.: Klostermann.

Jäger, Ludwig. 2006: „Schauplätze der Evidenz. Evidenzverfahren und kulturelle Semantik. Eine Skizze" in Cuntz, Michael et al. (Hg.): *Die Listen der Evidenz.* Köln: DuMont, S. 37-52.

Kaczmarek, Ludger und Wulff, Hans Jürgen. 1992: „Prolegomena zu einer semiotischen Beschreibung graphischer Darstellungen – Graphische Modelle in der Sprachwissenschaft." in Gehring, Petra; et al. (Hg.): Keutner, Thomas; Maas, Jörg F.; Ueding, Wolfgang Maria (Hg.): *Diagrammatik und Philosophie.* Amsterdam/Atlanta: Ropodi, S. 161-180.

Knörer, Ekkehard. 2007: *Entfernte Ähnlichkeiten. Zur Geschichte von Witz und ingenium.* München: Wilhelm Fink Verlag.

Krämer, Sybille. 2003: „‚Schriftbildlichkeit' oder: Über eine (fast) vergessene Dimension der Schrift" in dies. (Hg.): *Bild, Schrift, Zahl.* München: Fink, S. 157-176.

Krämer, Sybille. 2006: „Die Schrift als Hybrid aus Sprache und Bild. Thesen über die Schriftbildlichkeit unter Berücksichtigung von Diagrammatik und Kartographie" in Hoffmann, Torsten und Rippl, Gabriele: *Bilder. ein (neues) Leitmedium?* Göttingen: Wallstein Verlag, S. 79-92.

Krämer, Sybille. 2009: „Operative Bildlichkeit. Von der ‚Grammatologie' zu einer Diagrammatologie? Reflexionen über erkennendes ‚Sehen'" in Hessler, Martina und Mersch (Hg.): *Logik des Bildlichen. Zur Kritik der ikonischen Vernunft.* Bielefeld: Transcript, S. 94-122.

Krämer, Sybille. 2010: „‚Epistemology of the Line‘. Reflections on the Diagrammatical Mind“ in Pombo, Olga (Hg.): *Studies in Diagrammatology and Diagram Praxis.* London: College Publ., S. 13-28.

Levinson, Stephen C. 2002: *Pragmatics.* Cambridge: Cambridge Univ. Press.

Liebig, Martin. 1999: *Die Info-Grafik.* Konstanz: UVK-Medien.

Liszka, James Jakób. 1996: *A General Introduction to the Semeiotic of Charles Sanders Peirce.* Bloomington/Indianapolis: Indiana University Press.

Luhmann, Niklas. 1997: *Die Kunst der Gesellschaft.* Frankfurt a.M.: Suhrkamp.

Luhmann, Niklas. 1998: *Die Gesellschaft der Gesellschaft. 2 Bde.* Frankfurt a.M.: Suhrkamp

Lynch, Michael und Woolgar, Steve (Hg.). 1990: *Representation in Scientific Practice.* Cambridge: MIT Press.

Mitchell, William J. Thomas. 2008: *Bildtheorie.* Frankfurt a.M.: Suhrkamp.

Müller, Ralph. 2003: *Theorie der Pointe.* Paderborn: Mentis.

Nohr, Rolf F. (Hg.). 2004: *Evidenz... Das sieht man doch!* Münster: Lit Verlag.

O'Brian, Gerard und Opie, Jon. 2004: „Notes towards a structuralist theory of mental representation“ in Clapin, Hugh (Hg.): *Representation in Mind: New Approaches to Mental Representation.* Amsterdam: Elsevier, S. 1-20.

Otto, Stephan. 2007: *Die Wiederholung und die Bilder. zur Philosophie des Erinnerungsbewußtseins.* Hamburg: Meiner.

Pape, Helmut. 1997: *Die Unsichtbarkeit der Welt. Eine visuelle Kritik der neuzeitlichen Ontologie.* Frankfurt a.M.: Suhrkamp.

Pape, Helmut. 2004: *Charles S. Peirce zur Einführung.* Hamburg: Junius.

Pias, Claus (Hg.). 2008: *Kursbuch Medienkultur. Die maßgeblichen Theorien von Brecht bis Baudrillard. 6. Auflage.* München: DVA.

Pietarinen, Ahti-Veikko. 2010: „Is Non-visual Diagrammatic Logic Possible?“ in Pombo, Olga (Hg.): *Studies in Diagrammatology and Diagram Praxis.* London: College Publ., S. 73-81.

Raskin, Victor. 1985: *Semantic Mechanisms of Humor.* Dordrecht: Reidel.

Raskin, Victor. 1994: „Humor“ in Asher, R. E. (Hg.): *The encyclopedia of language and linguistics, Vol. 3.* Oxford: Pergamon Press, S. 1616-1620.

Rheinberger, Hans-Jörg. 2001: *Experimentalsysteme und epistemische Dinge. Eine Geschichte der Proteinsynthese im Reagenzglas.* Göttingen: Wallstein.

Richards, Ivon Armstrong. (1936) 1996: „Die Metapher“ in Haverkamp, Anselm (Hg.): *Theorie der Metapher. 2. Auflage.* Darmstadt: Wissenschaftliche Buchgesellschaft, S. 31-54.

Ruchatz, Jens. 2008: „Zeit des Theaters/Zeit der Fotografie. Intermediale Verschränkungen“ in Schoenmakers, Henri et al. (Hg.): *Theater und Medien. Theatre and the Media. Grundlagen – Analysen – Perspektiven. Eine Bestandsaufnahme.* Bielefeld: Transcript, S. 109 –116.

Schmidt-Burkhardt, Astrid. 2009: „Wissen als Bild. Zur diagrammatischen Kunstgeschichte“ in Hessler, Martina und Mersch, Dieter. (Hg.): *Logik des Bildlichen. Zur Kritik der ikonischen Vernunft.* Bielefeld: Transcript, S. 163-187.

Scholz, Oliver. 2004: *Bild, Darstellung, Zeichen. Philosophische Theorien bildlicher Darstellung. 2. Aufl.* Frankfurt a.M.: Klostermann.

Schnettler, Bernt und Pötzsch, Frederik S. 2007: „Visuelles Wissen“ in: Schützeichel, Rainer (Hg.): *Handbuch Wissenssoziologie und Wissensforschung.* Konstanz: UVK, S. 472-484.

Seel, Martin. 1998: „Medien der Realität und Realität der Medien“ in Krämer, Sybille (Hg.): *Medien Computer Realität. Wirklichkeitsvorstellungen und Neue Medien.* Frankfurt a.M.: Suhrkamp.

Shimojima, Atsushi. 1996: „Operational Constraints in Diagrammatic Reasoning“ in: Allwein, Gerard und Barwise, Jon (Hg.): Logical Reasoning with Diagrams. New York: Oxford Univ.Press, S. 27-48.

Shimojima, Atsushi und Katagiri, Yasuhiro. 2008: „An eye-tracking study of exploitations of spatial constraints in diagrammatic reasoning" in Hegarty, Mary (Hg.): *Diagrammatic representation and inference.* Berlin/Heidelberg: Springer, S. 74-88.

Shin, Sun-Joo. 2002: *The Iconic Logic of Peirce's Graphs.* Cambridge, Mass: MIT Press.

Siebert, Jan. 2005: *Flexible Figuren. Medienreflexive Komik im Zeichentrickfilm.* Bielefeld: Aisthesis.

Sonesson, Göran. 1989: *Pictorial Concepts. Inquiries into the Semiotic Heritage and its Relevance for the Analysis of the Visual World.* Lund: Lund University Press.

Stetter, Christian. 2005: „Bild, Diagramm, Schrift“ in Grube, Gernot; Kogge, Werner und Krämer, Sybille (Hg.): *Schrift. Kulturtechnik zwischen Auge, Hand und Maschine.* München: Fink, S. 115-135.

Stjernfelt, Frederik. 2010: „The Extension of the Peircean Diagram Category. Charting the Implications of a Diagrammatical Revolution in Semiotic“ in Pombo, Olga (Hg.): *Studies in Diagrammatology and Diagram Praxis.* London: College Publ., S. 57-72.

Tufte, Edward R. (2001) 2006: *The Visual Display of Quantitative Information. 2nd Edition.* Cheshire, Connecticut: Graphics Press.

Ueding, Wolfgang Maria. 1992: „Die Verhältnismäßigkeit der Mittel bzw. die Mittelmäßigkeit der Verhältnisse. Das Diagramm als Thema und Methode der Philosophie am Beispiel Platons bzw. einiger Beispiele Platons.“ in Gehring, Petra; Keutner, Thomas et al. (Hg.): *Diagrammatik und Philosophie.* Amsterdam/Atlanta: Ropodi, S. 13-50.

Wilharn, Heiner. 1992: „Ein Bild sagt mehr als tausend Worte. Über Begriff und Verwendung diagrammatischer Darstellungen in Philosophie und Wissenschaft.“ in Gehring, Petra et al. (Hg.): *Diagrammatik und Philosophie.* Amsterdam/Atlanta: Ropodi, S. 121-160.

Wirth, Uwe. 1997: „Abduktion, Witz und Komik im Zeichen der Drei: Peirce, Freud und Eco“ in Heilmann, Markus und Wägenbaur, Thomas (Hg.): *Text Macht Geschichte.* Würzburg: Königshausen und Neumann, S. 48-59.

Wirth, Uwe. 1999: *Diskursive Dummheit. Abduktion und Komik als Grenzphänomene des Verstehens.* Heidelberg: W. Winter.

Wirth, Uwe. 2001a: „Vom freien Spiel der Einbildungskraft zum Spiel der Wissenschaft: Die Rolle der Abduktion“ in Posner, Roland (Hg.): *Zeitschrift für Semiotik, Heft 2-4 2001.* Tübingen: Stauffenburg, S. 379-392.

Wirth, Uwe. 2001b: „Diskursive Dummheit“ in: von Zima, Peter und Wertheimer, Jürgen (Hg.): *Strategien der Verdummung. Infantilisierung in der Fun-Gesellschaft.* München: Beck, S. 46-57.

Wirth, Uwe. 2002: „As we may surf. The relevance of abductive inference for surfing through the internet“ in Umiker-Sebeok, Jean (Hg.): *Semiotica. Journal of the International Association for Semiotic Studies. Volume 140 – 1/4.* Berlin/New York: Mouton de Gruyter, S. 159-168.

Wirth, Uwe. 2003: „Vorbemerkungen zu einer performativen Theorie des Komischen“ in Mersch, Dieter (Hg.): *Performativität und Praxis.* München: Wilhelm Fink, S. 153-174.

Wirth, Uwe. 2008: „Die Konjektur als blinder Fleck einer Geschichte bedingten Wissens“ in Welsh, Caroline und Willer, Stefan (Hg.): *»Interesse für bedingtes Wissen«. Wechselbeziehungen zwischen den Wissenskulturen.* München: Wilhelm Fink, S. 269-294.

Wong, Dona M. 2011: *Die perfekte Infografik. wie man Zahlen, Daten, Fakten richtig präsentiert - und wie nicht.* München: Redline.

Wöpking, Jan. 2010: „Space, Structure, and Similarity. On Representationalist Theories of Diagram“ in Pombo, Olga (Hg.): *Studies in Diagrammatology and Diagram Praxis.* London: College Publ., S. 39-56.

Internetquellen

(in der Reihenfolge ihrer Erwähnung)

Munroe, Randall: *XKCD* [fortlaufend]: <http://www.xkcd.com> (Letzter Zugriff: 08.08.2012).

AtGoogleTalks: *Authors@Google: Randall Munroe of xkcd* [11.12.2007]: <http://www.youtube.com/watch?v=zJOS0sV2a24> (Letzter Zugriff: 08.08.2012).

Jeff: *Explain XKCD* [fortlaufend]: <http://www.explainxkcd.com> (Letzter Zugriff: 08.08.2012).

Cohen, Noam: *This Is Funny Only if You Know Unix* [26.05.2008]: <http://www.nytimes.com/2008/05/26/business/media/26link.html?partner=rssnyt &emc=rss> (Letzter Zugriff: 08.08.2012).

Arthur, Charles et. al.: 100 top sites for the year ahead [18.12.2008]: <http://www.guardian.co.uk/technology/2008/dec/18/internet-websites> (Letzter Zugriff: 08.08.2012).

Inman, Matthew: *The Oatmeal* [fortlaufend]: <http://theoatmeal.com> (Letzter Zugriff: 08.08.2012).

will, ray & raff: *Doghouse Diaries* [fortlaufend]: <http://thedoghousediaries.com/> (Letzter Zugriff: 08.08.2012).

Yelin, Barbara: *Riekes Notizen* [fortlaufend]: <http://riekesnotizen.wordpress.com/> (Letzter Zugriff: 08.08.2012).

Sabato, Larry J: *Jimmy Carter's ‚Killer Rabbit' - 1979* [1998]: <http://www.washingtonpost.com/wp-srv/politics/special/clinton/frenzy/carter 2.htm> (Letzter Zugriff: 08.08.2012).

Wilde, Kilian & Schittig, Felix: *Tale of Fiction* [fortlaufend]: <http://www.taleoffiction.com> (Letzter Zugriff: 08.08.2012).

Wikipedia. The Free Encyclopedia: <http://en.wikipedia.org> (Letzter Zugriff: 08.08.2012).

Abrahams, Marc (Ed.): *Improbable Research. Research that makes people LAUGH and then THINK* [fortlaufend]: < http://improbable.com/> (Letzter Zugriff: 08.08.2012).

Last.Fm: <http://www.lastfm.de> (Letzter Zugriff: 08.08.2012).

Grooveshark: <http://grooveshark.com> (Letzter Zugriff: 08.08.2012).

ibidem-Verlag
Melchiorstr. 15
D-70439 Stuttgart
info@ibidem-verlag.de

www.ibidem-verlag.de
www.ibidem.eu
www.edition-noema.de
www.autorenbetreuung.de

FSC
www.fsc.org
MIX
Papier | Fördert
gute Waldnutzung
FSC® C083411

Kolibri 360 GmbH
Ferdinand-Jühlke-Straße 7
99095 Erfurt, Deutschland
produktsicherheit@kolibri360.de